# Mathematikunterricht

*anders*

## nachhaltig-interessant-verständlich-erfolgreich

Mathematik  anders......

# Mathematikunterricht

## anders

### nachhaltig-interessant-verständlich-erfolgreich

## Visualisieren

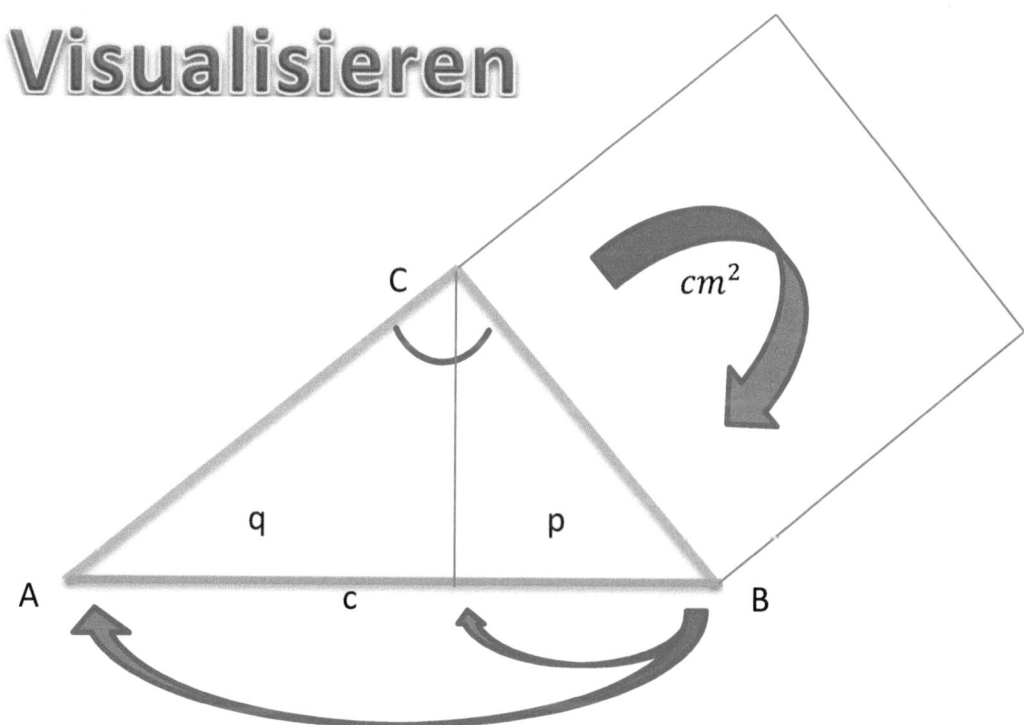

Bibliografische Information der Deutschen Nationalbibliothek:
Die Deutsche Nationalbibliothek verzeichnet diese Publikation in der Deutschen Nationalbibliografie;
detaillierte bibliografische Daten sind im Internet über http://dnb.dnb.de abrufbar.

Impressum:

© 2020  Siegmund Reithmair

Herstellung und Verlag:  BoD – Books on Demand,  Norderstedt

ISBN:  978 3751976237

# Inhalt

**Mathematikunterricht anders....**

## 1. Vorwort

Immer wieder im Leben kommt es zu einschneidenden, prägenden Ereignissen, die das weitere Verhalten enorm beeinflussen. Dies ist auch eine Form von Lernen, dass man Maßnahmen, die nicht funktionieren, verwirft und seine Aktionen grundlegend verändern will. Ich unterrichtete von 2000 bis 2016 im Turnus Jeweils die M9 und M10 Klassen an der Aventinus-Mittelschule in Abensberg. Im Jahre 2003, im Juli, hatten wir nach dem Quali den Mathestoff der 9. Klasse bereits abgearbeitet. Damals war das gesamte Mathepensum des Mittleren Schulabschlusses in der 10. Klasse zu absolvieren. Wir zogen also die Lerneinheit „Geraden" vor bis zum Lernziel „aus zwei Punkten eine Gerade aufstellen." Dieses Thema klappte relativ gut und machte Hoffnung für die 10. Klasse. Als wir nun Mitte September dieses Thema wieder auf dem Stundenplan hatten, konnte sich kein einziger Schüler erinnern, wie man aus zwei Punkten eine Gerade aufstellen kann. Ja, einige behaupteten sogar, das noch nie gelernt zu haben. Natürlich lagen sieben Wochen Ferien dazwischen, ich jedoch war ziemlich geschockt. Tagelang schlich sich bei mir ein ungutes Gefühl ein. Was habe ich nur falsch gemacht? Was muss ich verbessern, oder ändern und auf welchen Ebenen ist das zu verwirklichen? Wie kann ich das Vergessen stoppen und mehr Nachhaltigkeit im Mathematikunterricht erreichen? Ich befasste mich kurz mit gängigen Lerntheorien, die auch in diesem Buch immer wieder zur Sprache kommen. Bald hatte ich klare Ziele für meinen künftigen Unterricht formuliert.

-wie kann ich den Unterricht nachhaltiger gestalten?
-wie vermittelt man Freude und Spaß im Mathematikunterricht?
-wie können sich Schüler gezielt auf eine Prüfung vorbereiten?

Um eine gewisse Ganzheitlichkeit zu erreichen habe ich mir auch vorgenommen in verschiedenen Ebenen meine ganzen Anstrengungen zu optimieren.
- **in der methodisch-didaktischen Ebene**
- **in der inhaltlichen Ebene**

-   **in der emotionalen Ebene**

## 2. Idee zu diesem Buch

Ab diesem einschneidenden Zeitpunkt habe ich viele neue Methoden und Vorgehensweisen ausprobiert und bewertet. Einige wurden verworfen, andere haben sich als Glückstreffer erwiesen. Mehrere unterrichtliche bzw. didaktische Ideen entwickelte ich dann selbst und das Experimentieren machte so richtig Spaß. In diesem Buch will ich vollständig darstellen, was ich mit meinen Schülern unternommen habe, um die vorher formulierten Ziele zu erreichen.

Dieses Buch soll aber auch ein Anstoß sein, den Unterricht ständig zu hinterfragen, neue Methoden anzuwenden und sich vom Üblichen wegzubewegen.

Eine Menge praktische Beispiele, die dann im Folgenden dargestellt werden, können für den Unterrichtsalltag auch sicher verwendet werden.

Die „Hauptschulinitiative Mathematik", in der ich als Multiplikator mitwirken durfte, „Sinus in Bayern" und die „Hattie Studie" brachten auch sehr gute Ansätze, um einen neuen, zeitgemäßen Unterricht zu gestalten. Der ganze Prozess der Neuorientierung dauerte ca. 5 Jahre, in denen ich immer wieder Ansätze verwarf und neue Möglichkeiten in den täglichen Unterricht einbaute, bis ich schließlich zum vorliegenden Konzept kam. Es sei aber gleich jetzt darauf hingewiesen, dass eigentlich jedes Jahr Änderungen im Vorgehen geschehen müssen, um aktuell zu sein, um sich  wieder an neue Schüler anzupassen, um veränderten Verhältnissen an der Schule gerecht zu werden und um den eigenen Blickwinkel auf das Lehr- und Lernverhalten zu modifizieren.

## 3. Was änderte sich bei den Beteiligten  mit dem neuen Konzept
### 3.1 Schüler:

Viele dieser Maßnahmen relativierten nach und nach die Einstellung zum Mathematikunterricht. Alle Schüler in den Klassen, die so unterrichtet wurden, machten die Erfahrung, dass man auch in Mathematik gute Leistungen bringen kann, dass Mathematik nicht unbedingt eine Frage der Begabung ist, sondern dass es Spaß macht schwierige Aufgaben selbstständig zu lösen. Das Selbstbewusstsein und das Vertrauen in die eigene Leistung wurden erheblich gesteigert. Angst vor einer Matheprobe war bei den Schülern nicht zu erkennen. Viele der Beteiligten lösten freiwillig und selbstständig Matheaufgaben und freuten sich riesig über eine richtige Lösung. Die intrinsische Motivation wurde hier entdeckt. Denn man lernte nicht, um für eine gute Mathenote von der Oma, oder dem Opa 10€ zu bekommen, sondern der Belohnungsmechanismus wird durch die Freude über selbsttätig gelöste Aufgaben in Gang gesetzt. In der Prüfungsvorbereitung erledigten die Schüler zusätzliche Aufgaben gerne. Für einen Großteil der Schüler wurde Mathematik zum Lieblingsfach. Eine andere interessante Erscheinung war, dass die Schüler insbesondere durch die selbständige Erarbeitung der Formeln, durch das Formulieren und durch das optische Darstellen der Formeln auf die Formelsammlung bei Proben und auch bei der Prüfung meist verzichten konnten. Nachdem die Schüler in der Prüfungsvorbereitung 8 - 9 Prüfungsjahre komplett durchgearbeitet hatten und die Arbeiten jeweils mit einer Fehleranalyse korrigiert wurden, war der Ehrgeiz zum Punktesammeln unverkennbar. Auch die mögliche Note bei diesen Tests wurde registriert und das Erreichen der Note 1 war nun das erstrebenswerte Ziel. Schließlich freuten sich die Schüler auf die Prüfung.

In den letzten Prüfungsjahren gab es für mich zum Abschluss als Geschenk ein kleines Album, in dem sich jeder einzelne Schüle mit einem Bild und mit einem Kommentar zu den letzten zwei Jahren verewigte. Viele dieser interessanten Sprüche drehten sich nun um den neuartigen Mathematikunterricht. Um die Gefühle und die Reaktionen der Schüler besser zu verstehen, werde ich nun im Folgenden eine Reihe von Aussprüchen der Schüler zitieren, auch wenn sie oft sehr persönlich und emotional gestaltet wurden.

**Patrick:** „ Ich war oder bin zwar nicht der Musterschüler, aber bei Ihnen hat der Unterricht richtig Spaß gemacht!"
**Rebecca:** „Der Mathematikunterricht war wirklich toll und ich werde nie vergessen, wie viel Spaß der Unterricht gemacht hat!"

**Kathrin**: „Ich möchte mich bei ihnen bedanken für die wunderschönen Schuljahre, in denen Mathe zu meinem Lieblingsfach wurde!"

**Patricia**: „Dank Ihnen fiel mir Mathe nicht mehr schwer!"

**Nicole**: Danke für die letzten zwei Jahre und Ihre Eigenschaft, den Unterricht lustig zu gestalten!"

(Alle oben angeführten Zitate stammen aus dem Album 2014.)

**Marie**: „ Sie waren ein Lehrer, bei dem man Mathe sogar verstanden hat!"

**Angelika**: „Dank Ihnen ist Mathe zu meinem Lieblingsfach geworden!"

**Jovi**: „Ohne Sie als Mathelehrer hätte ich nicht so eine gute Note geschafft. Sie haben alles so gut erklärt, was ich in der Realschule nicht verstanden habe!"

**Vendy**: „ Sie haben mir Sachen beigebracht, die mir letztes Jahr auf dem Gymnasium niemand erklären konnte. Mathe ist ein Kinderspiel geworden!"

**Maria**: „Wir werden sie an der FOS mit unserer Mathebesessenheit vom Hocker hauen!"

(Alle oben angeführten Zitate stammen aus dem Album von 2012)

**Franzi**: „ In diesen zwei Jahren waren Sie immer für Ihre Schüler da, haben uns super motiviert, egal wie schwer es war!"

„Was ich an Ihrem Unterricht besonders bewundert habe waren die Hefteinträge. Die waren halbe Kunst!

Wir haben in diesen zwei Jahren so an Reife, Erfahrung und Wissen gewonnen und Sie haben uns nicht in Stich gelassen!"

**Hanna**: „Durch ihre Motivation und Ihren verständnisvollen Unterricht fand ich immer mehr Spaß daran.

**Luca**: „Sie haben uns immer gezeigt, dass es sich lohnt, für seine Ziele zu kämpfen!"

**Nina**: „ Ich bin sehr froh, dass sie immer so geduldig mit uns waren, denn durch Ihre Geduld und Motivation hatte ich in der nächsten Mathearbeit eine Eins!"

**Pia**: „ Durch ihre lustigen Sprüche brachten Sie uns immer zum Lachen. Dadurch ging ich immer gerne zur Schule.

Dank Ihnen weiß ich, dass ich meine Ziele erreichen kann, ich muss nur daran glauben!"

**Fabian**: „ Sie haben uns gelernt niemals aufzugeben, auch wenn mal was nicht klappt!"

**Lukas**: „Danke sagen möchte ich auch für den tollen Unterricht, der immer Spaß machte!"

**Rebekka**: „ Sie haben uns neben dem Lernstoff gezeigt, dass Humor, Offenheit und Freundlichkeit wichtige Aspekte des Lebens sind!"

„Sie waren immer präsent und hatten stets ein offenes Ohr für Fragen, Probleme und Schwierigkeiten aller Art. Außerdem haben Sie mich immer motiviert, mein Bestes zu geben und an mich geglaubt!"

**Celina**: „Bei Ihnen hat mir Mathe sogar Spaß gemacht!"

„Es war nicht nur Mathe, wir haben Ihren Unterricht allgemein genossen, da Sie eine sehr angenehme und ruhige Art haben!"

**Florentine**: „Auch wenn wir nicht immer wirklich leicht waren, hatten Sie Geduld mit uns und haben uns nicht aufgegeben. Sogar Mathe hat mir bei Ihnen Spaß gemacht!"

**Joshua**: „Sie haben es immer verstanden, unsere Stärken zu erkennen, diese zu fördern und auch zu fordern, aber Sie haben auch die etwas Schwächeren unter uns nicht liegen lassen!

Zum ersten Mal habe ich gerne den Unterricht besucht!"

**Sebastian**: „ Ich möchte mich bei Ihnen bedanken, dass Sie uns immer motiviert haben weiter zu machen, niemals aufzugeben und somit unsere Ziele für die Zukunft anzustreben und zu erreichen!"

**Felix**: „Ich hoffe, dass es mir gelingt, meinen Job so wie sie, mit Freude, Einsatz, Elan und Witz und dennoch mit der nötigen Ruhe ausüben zu können!

Genauso vermisse ich Ihre ehrlichen Korrekturkommentare, aufbauend und wenn nötig auch kritisch!"

**Paulina**: „Sie waren immer verständnisvoll, hilfsbereit, fürsorglich und meinten es immer gut mit uns!

Mit Mathe hatte ich manchmal ziemlich zu kämpfen, doch Sie haben mich ermutigt weiter zu machen – mit Erfolg. Ich wollte Sie nicht enttäuschen. Das hat mir wirklich viel bedeutet!"

**Carina**: „ Klar, man musste dafür einiges tun, aber durch die intensive Vorbereitung in den letzten drei Wochen machte ich mir nicht allzu große Sorgen. Es entscheiden nicht die letzten drei Wochen sondern das ganze Jahr, ob man es kann oder nicht!"

**Kevin**: „ Sie haben mich immer motiviert mein Bestes zu geben. Oft habe ich nichts verstanden, doch Sie konnten immer alles schnell und verständlich erklären. In Mathe haben Sie mich an meine Grenzen gebracht".

**Franziska**: „Ich habe mir nie vorstellen können, dass Mathe so viel Spaß machen kann, doch Sie haben mich davon überzeugt!"

(Alle oben angeführten Zitate stammen aus dem Album 2016)

Der anders gestaltete Unterricht führte auch zu weiteren wichtigen Veränderungen. Das emotionale Gefüge zwischen Lehrer und Schülern wurde deutlich intensiver und das Klassenklima verbesserte sich erheblich. Neue Verfahren zur probieren und zu bewerten was am Ende herauskam, das war interessant und spannend. Das Verhältnis zu meinen Schülern wurde noch partnerschaftlicher und vertrauensvoller. Man konnte auch feststellen, dass sich das Arbeitsklima deutlich verbesserte, wobei die vielen persönlichen Kontakte, die ich mit einzelnen Schülern bei der Fehleranalyse hatte, sehr förderlich für die Schüler-Lehrer Beziehung waren. Die 45 Minuten-Taktung des Unterrichts ist dabei oft verloren gegangen, was aber in keinerlei Hinsicht ein Nachteil war. Natürlich haben die ganzen Maßnahmen mehr Zeit und Energie in Anspruch genommen. Besonders am Start einer neuen Lerneinheit lohnte es sich, den Schülern auch ein deutliches Mehr an Zeit zu geben.

### 3.2 Lehrerverhalten:

Natürlich veränderte sich dadurch auch mein Lehrerverhalten. Wenn ein Aufgabentyp von den Schülern nicht verstanden wurde habe ich sofort meinen „Weg" hinterfragt: Wo war der kritische Punkt, an dem die Schüler gescheitert sind, was muss ich anders machen, wie verstehen die Schüler den Zusammenhang besser und nachhaltiger? Bei dieser Problematik entwickelte ich dann oft selbst neue Aufgaben, um diese

Schwierigkeiten zu lösen. Ein wichtiger Punkt schien mir dann auch ein ordentlich geführtes Merkheft, in dem der gesamte Lernstoff in verständlichen Schritten dargestellt wurde. Dazu kam dann auch die Idee, den gesamten Stoff der 9. Und 10. Klasse in Aufgaben und Antworten darzustellen. Diese Version nannte ich „Was muss ich können". Ich hatte sicher auch mehr Spaß und Freude und Elan im Unterricht und zeigte dies dann offen, was sich schließlich wiederum positiv auf meine Schüler auswirkte. Wichtig war, die Lerninhalte auf verschiedenen Ebenen zu verarbeiten und nachhaltig zu verankern. Es zeigten sich auch für mich lohnende und befriedigende Effekte, mein ganzes Arbeiten gestaltete sich viel entspannter, interessanter und erfolgreicher.

### 3.3 Kolleginnen und Kollegen

Natürlich wurde das ganze Konzept, die hervorragenden Ergebnisse der Klasse und die Art zu unterrichten kaum wohlwollend zur Kenntnis genommen. Einige Kollegen*innen interessierten sich aber für die verschiedenen Methoden und neuen Aufgaben. Andere wiederum waren misstrauisch und verunsichert. „Es darf ja nicht sein, was nicht sein kann." Selber habe ich jedoch zu Beginn der veränderten Arbeitsweise auch nicht geahnt, dass man dabei so viel erreichen kann. Denn im Laufe der Jahre erzielten die Schüler immer bessere Prüfungsergebnisse. Es wurden Klassenschnitte in der Prüfung erreicht, die von 2,0 über 1,7 , 1,6 , 1.4 bis zu 1,1 reichten. Ein solches Ergebnis ist kaum vorstellbar und erzeugte Misstrauen, was auch noch einigermaßen verständlich ist. Kollegen*innen, die sich genau mit dem System befassten, erklärten, dass sie dafür zu wenig Zeit hätten, um das alles zu praktizieren. Auch im Schulumfeld bezweifelte man die guten Ergebnisse und es wurden sogar unlautere Methoden unterstellt. Meine Schüler nahmen diese rufschädigenden Äußerungen bestürzt zur Kenntnis. Sie wussten ja genau, wie diese Ergebnisse zustande kamen. Kaum jemand fragte aber, welche neuen Methoden wirklich hinter diesem Konzept stecken. Erstaunlicherweise wurden die Hauptbeteiligten, die Schüler, nie darüber gefragt, wie sie das geschafft haben. Sie hätten umfangreich Auskunft geben können, wie sie über zwei Jahre hinweg gearbeitet haben. Für die

Schüler und auch für mich waren die Ergebnisse keine großen Überraschungen. In der Prüfungsvorbereitung arbeiteten wir im Schnitt nämlich bis zu 16 Prüfungsaufgaben der letzten Jahre in Einzelarbeit durch. Alle Aufgaben wurden von mir korrigiert, mit Punkten versehen und aufgrund der erreichten Punkte dazu eine Fehleranalyse erstellt. Der erste Teil dieser Analyse bezog sich auf die Fehler der ganzen Klasse und im zweiten Teil wurden die Schwächen der einzelnen Schüler dargestellt und im Einzelgespräch berichtigt. Am nächsten Tag verbesserten die Schüler diese Fehler intensiv. In einer Klassenliste wurden die jeweiligen Ergebnisse dargestellt. Ständige Steigerungen waren erkennbar und das Bestreben aller Schüler immer besser zu werden. Es kam dann schon zu einem sportlichen Wettrennen, um möglichst viele Punkte zu erreichen. Und natürlich, wenn 16 - 19 Schüler*innen von 24 dann bei den letzten Tests mit den Prüfungsaufgaben ganz deutlich die Note 1 erreicht hatten, war klar, dass die Prüfung auch sehr gut ausfallen musste. Die Schüler zeigten sich selbstbewusst, Prüfungsangst konnte nie festgestellt werden.

### 3.4 Eltern

Die Eltern, denen ich immer im ersten Elternabend dieses neue Unterrichtssystem vorstellte, waren durchwegs begeistert von dieser Idee. Durch die vielen Rückmeldungen wurde hier von den Eltern festgestellt, dass sich nicht nur die Leistungen in Mathematik sondern auch in vielen anderen Fächern deutlich verbesserte. Die Erkenntnis, dass man durch gezielte, komplexe Lernmethoden viel mehr erreichen kann, dass man „alles" erreichen kann wenn man nur will, wirkte sich sehr positiv auf das gesamte Lernverhalten aus. Es war auch zu beobachten, dass viele Eltern jetzt verstärktes Interesse an den schulischen Arbeiten ihrer Kinder zeigten. Die Erfolgserlebnisse, aber auch der Spaß, den die Schüler jetzt im Unterricht hatten wirkte sich so positiv auch auf das Familienleben aus. Einige Eltern berichteten, dass ihre Kinder jetzt gerne zur Schule gingen, weil sie immer etwas Neues, Interessantes erwartete, sie wollten nichts versäumen. Elisabeth, 16.07.2014: „Ich ging jeden Tag gerne in die Schule und hatte Angst, wenn ich nicht in der Schule war, dass ich etwas verpasse"

## 4. Lerntheoretische Grundsätze

Natürlich sind auch bewährte und evaluierte Lerntheorien für viele Maßnahmen unumgänglich, deshalb werde ich  darstellen, welche Grundsätze ich in meiner Arbeit versucht habe zu verwirklichen. Die meisten diese theoretischen Ansätze waren schon immer präsent, nur muss man sie wieder neu entdecken und anwenden. Jeweils im Anschluss werde ich dazu die praktische Durchführung  meiner neuen Ideen an konkreten Beispielen aufzeigen. Auch besitzt die folgende Darstellung keinen Anspruch auf Vollständigkeit.

### 4.1    Lernen mit allen Sinnen / eigenes Tun
### 4.1.1  Grundlagen

( is-seminare: www. isseminare/unternehmen/Philosophie)

Die bekannte Grafik macht deutlich, dass man am besten lernt, wenn alle Sinne daran beteiligt sind. Daher habe ich immer versucht, dass die

Schüler nicht nur durch sehen und hören, sondern durch eigenes Tun den neuen Lernstoff erfassen. Dies kann man bei verschiedenen Themen verwirklichen, bei denen man praktisch arbeiten kann, z.B. mit Modellen, Zeichnungen und der Darstellungen verschiedener Formeln. Bei der Erarbeitung komplizierter mathematischer Gesetze habe ich dem z.B. Rechnung getragen, indem die Schüler durch eine Reihe gezielter Arbeitsaufträge und durch selbstständiges Tun zur Lösung geführt werden.

### 4.1.2 Beispiel: Vom Volumen des Würfels zum Volumen der Pyramide

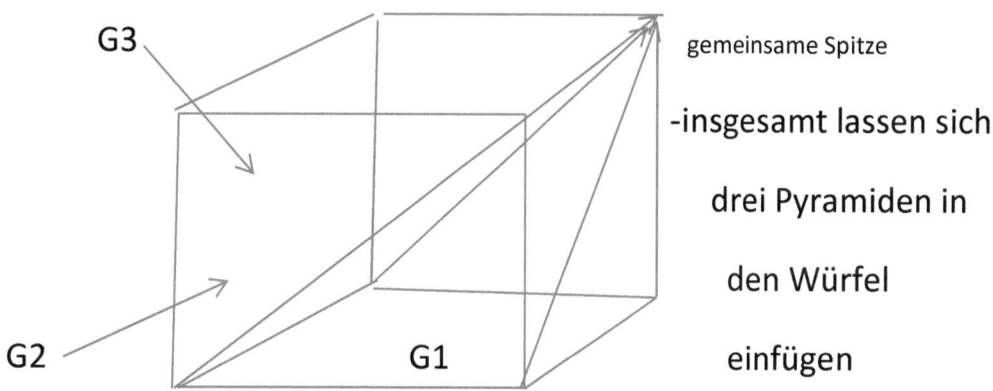

gemeinsame Spitze

-insgesamt lassen sich

drei Pyramiden in

den Würfel

einfügen

Die Schüler bekommen den Auftrag in Gruppenarbeit in ein Würfelmodell möglichst viele Pyramiden mit Fäden einzuziehen. Die Grundfläche der jeweiligen Pyramide muss die gleiche Größe haben wie eine Würfelfläche. Im Anschluss soll ein Lehrsatz formuliert werden.

Beinah alle Gruppen erkannten durch ihr Tun, dass man insgesamt drei unregelmäßige Pyramiden in einen Würfel einbringen kann. Die Erkenntnis wurde verschieden formuliert.

Beispiel: In einen Würfel passen genau drei Pyramiden mit gleicher Grundfläche und gleicher Höhe.

Volumen der Pyramide = Volumen des Würfels : 3

Vorhergehendes Wissen: $V_W$ = G x $h_k$

$$v_p = G \times h_k : 3$$

Hier wurde also durch eigenes Tun ein Lösungsweg zur Berechnung des Volumens der Pyramide gefunden.

### 4.1.3 Mit Arbeitsaufträgen zu einer Erkenntnis

**Beispiel: Arbeitsaufträgen zum Lehrsatz des Pythagoras**

Die Aufgaben werden anfangs in Gruppenarbeit, nach einer gewissen Einarbeitung in die Methode dann in Partnerarbeit und schließlich auch als Einzelarbeit erledigt. Folgende Regeln wurden für das Bearbeiten der Arbeitsaufträge ausgegeben.

1. Führe folgende Arbeitsaufträge der Reihe nach aus!
2. Die ersten 10 Minuten sind Fragen verboten!
3. Danach kannst du dich mit dem Nahbar besprechen!

Es ist also wichtig, dass sich jeder Einzelne am Anfang intensiv mit dem Problem beschäftigt. Dann kommt die Phase--- wie hast du das gemacht --- und am Ende, wie haben wir das erledigt! **(Ich-Du- wir)**

Arbeitsaufträge / Lehrsatz des Pythagoras

1. Zeichne folgende Dreiecke!
    - I)      a = 3cm,  b = 4cm,  c = 5cm
    - II)      a =4cm,   b = 5cm,  c = 6,4cm
2. Vergleiche die Dreiecke! Was stellst du fest?
3. Errichte mit dem Geodreieck die Quadrate über den Seiten a, b und c bei beiden Dreiecken!
4. Berechne die Quadrate über den Seiten a, b und c/ $a^2$, $b^2$, $c^2$/ vom ersten Dreieck und vergleiche die Flächen! Was stellst du fest?
5. Verfahre ebenso mit dem Dreieck II ! Versuche einen Zusammenhang zwischen den zwei Dreiecken zu finden!
6. Formuliere einen Merksatz und leite wenn möglich eine Formel ab!

Es ist hier nicht wichtig, wie viel Zeit die Schüler für die Aufgaben benötigen. Es müssen auch nicht alle Schüler oder Gruppen zur exakten Lösung kommen. Der Lerneffekt besteht darin, dass sich alle Schüler intensiv mit dem neuen Thema auseinandersetzen. Am Ende der Einführungsphase beschreiben die Schüler genau, was sie „heute" gelernt haben, schriftlich in eigenen Worten. Folgende Formulierung ist bei diesem Thema dann z.B. herausgekommen:

„Das Quadrat über der längeren Seite eines rechtwinkeligen Dreiecks ist genauso groß, wie die beiden Quadrate über den kürzeren Seiten."

Aber nicht nur in Geometrie kann man die Methode „Arbeitsaufträge" einsetzen. Sie ist nahezu bei allen Einheiten sehr gut brauchbar.

### 4.1.4 Beispiel: Die Tageszinsen berechnen

Die Schüler haben bereits gelernt, wie man die Jahreszinsen berechnet. Zur Einführung für die Tageszinsen werden dann diese Arbeitsschritte erledigt.

**Arbeitsaufträge: Tageszinsen**

Kapital, 6400€, Zinssatz, 3% , Zeit, 140 Tage/ Zinsen nach 140 Tagen?

1. Berechne die Zinsen für ein Jahr!
2. Ermittle dann die Zinsen für einen Tag!
3. Das Kapital war aber 140 Tage auf der Bank! Suche einen Lösungsweg!
4. Formuliere einen Merksatz!
5. Stelle dazu eine Formel auf!

$$K \times q = Z \qquad 6400 \times 0{,}03 = 192€$$

$$192 : 360 \times 140 = 74{,}66€$$

Man berechnet die Zinsen für ein Jahr, dann für einen Tag und schließlich für 140 Tage.

$$K \times q : 360 \times 140 = z \qquad \frac{k \ x \ q \ x \ 140}{360} = Z_{140}$$

### 4.1.5 Beispiel : Lösung einer Quadratischen Gleichung

Auch bei schwierigeren Sachverhalten kann diese Methode den Schüler

dahin führen, dass er selbstständig einen Lösungsweg findet. Er hat sich

intensiv mit der Thematik beschäftigt und wird diesen Lerninhalt sicher

nachhaltiger im Gedächtnis behalten

**Arbeitsaufträge: Lösung einer quadratischen Gleichung**

$$x^2 + 5x + 6 = 0$$

1. Ordne so, dass die Glieder mit x auf einer Seite stehen!
2. Addiere auf beiden Seiten das Quadrat der halben Vorzahl von x!
3. Bilde ein Binom der Form $a^2 + 2ab + b^2 \longrightarrow (a+b)^2$ !
4. Radiziere!
5. Isoliere x und berechne dann!

$$x^2 + 5x + 6 = 0$$
$$x^2 + 5x = -6$$
$$x^2 + 5x + 2,5^2 = -6 + 2,5^2$$

$$(x + 2,5)^2 = 0,25 \quad \left| \sqrt[2]{\phantom{x}} \right.$$
$$\mathbf{X + 2,5} = \mathbf{+/- \ 0,5}$$

$$x_1 = -2,5 + 0,5 = -2$$
$$x_2 = -2,5 - 0,5 = -3$$

Es geht aber auch noch abstrakter. Diese Arbeit folgt dann auf die oben
angeführte. Und wenn die Schüler genügend quadratische Gleichungen
mit der Methode im Beispiel 4 gelöst haben, werden auch viele zu einer
Lösung kommen.

**4.1.6 Beispiel : Formel zur Lösung einer quadratischen Gleichung**

Man verwendet die gleichen Arbeitsschritte wie in der Aufgabe 4.1.5

$$x^2 + px + q = 0$$

$$x^2 + px + \left(\tfrac{p}{2}\right)^2 = -q + \left(\tfrac{p}{2}\right)^2$$

$$\left(x + \tfrac{p}{2}\right)^2 = \left(\tfrac{p}{2}\right)^2 - q \quad \Big| \sqrt[2]{\ }$$

$$x + \tfrac{p}{2} = +/- \sqrt[2]{\left(\tfrac{p}{2}\right)^2 - q}$$

$$x_{1,2} = -\tfrac{p}{2} +/- \sqrt[2]{\left(\tfrac{p}{2}\right)^2} - q$$

**4.1.7 Beispiel: Eine Gerade steht senkrecht auf einer anderen**

1. Zeichne die Gerade $g_1$: y= 0,5x + 1 in ein Koordinatensystem !

2. Zeichne mit dem Geodreieck die Gerade $g_2$ , die durch den Punkt A (3 / -2) geht und senkrecht auf $g_1$ steht!

3. Ermittle die Funktionsgleichung der Geraden $g_2$ !

4. Vergleiche die beiden Funktionsgleichungen! Was stellst du fest?

5. Kannst du eine Regel aufstellen?

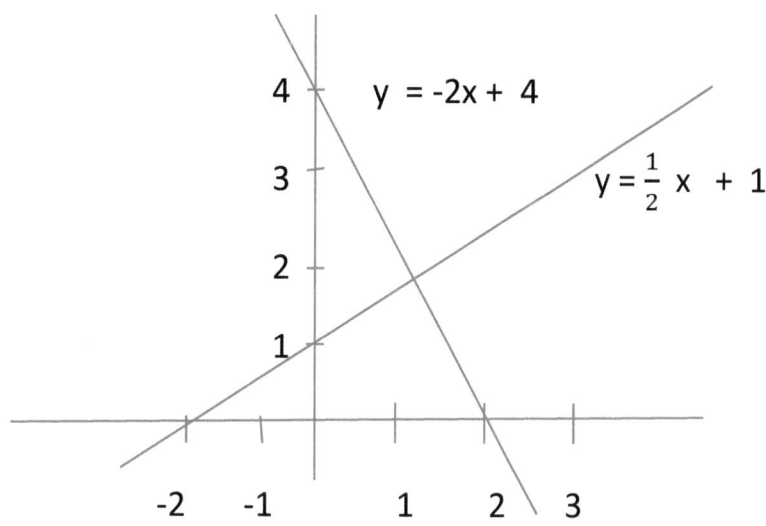

Der Steigungsfaktor einer Geraden, die auf einer anderen Geraden senkrecht steht hat den negativen Kehrwert.

Es gibt hier die verschiedensten Möglichkeiten durch eigenes Tun Lerneinheiten zu bewältigen. Dem Experimentieren sind dabei keine Grenzen gesetzt. Viele Schüler kommen durch eigenes Handeln zur Lösung und werden diese Einheiten auch nachhaltig in ihrem Gedächtnis verankern. Das Selbstbewusstsein steigt und die Angst vor schwierigen Problemen verringert sich deutlich.

### 4.1.8 Beispiel: Ein Gleichungssystem lösen

Ein kleines Hotel hat 24 Zimmer mit insgesamt 58 Betten. Es sind nur Zweibett- und Dreibettzimmer vorhanden. Wie viele Zwei- und Dreibettzimmer kann das Hotel vermieten?

Arbeitsaufträge:

1. Lege die Variablen x und y fest! (x=Doppelzimmer / y = Dreibettzimmer)!

2. Stelle zwei Gleichungen auf!

- eine über die Anzahl der Zimmer

- eine über die Anzahl der Betten

3. Löse die erste Gleichung nach x auf! ( x = ....)

4. Setze den Term für x in die zweite Gleichung ein und berechne y !

5. Setze den Wert y in eine Ausgangsgleichung ein und berechne x !

$$\text{I.)} \quad x + y = 24$$

$$\text{II.)} \quad x \cdot 2 + y \cdot 3 = 58$$

### 4.2. Lernen am Erfolg, intrinsische Motivation

### 4.2.1 Grundlagen

„Die intrinsische Motivation ist die innere, aus sich selbst entstehende Motivation eines jeden Menschen: bestimmte Tätigkeiten macht man einfach gern, weil sie Spaß machen, sinnvoll oder herausfordernd sind oder schlicht interessieren. Intrinsisch motivierte Tätigkeiten werden – im Gegensatz zu extrinsischen Motiven - um ihrer selbst willen durchgeführt und nicht, um eine Belohnung zu erlangen oder eine Bestrafung zu vermeiden."

(www.lernpsychologie.net/motivation/intrinsische -motivation)

„Lernen, ein Vorgang, in dem eine Verhaltensänderung durch Erfahrung herbeigeführt wird, kann eine relativ kurze, mittlere oder sehr lange zeitliche Erstreckung haben." (R. Bergius, Psychologie des Lernens, Stuttgart 1972)

Um möglichst lange einen neu gelernten Inhalt zu behalten, ist es nötig, dass bei der Motivation für das Lernen die intrinsischen Beweggründe stärker vorhanden sind als die extrinsischen. Extrinsische Motivation geschieht dann, wenn sie von außen kommt. Mache ich etwas richtig, löse ich eine Aufgabe, erhalte ich eine Belohnung, ein Lob vom Lehrer, von den Eltern, den Mitschülern, oder eine gute Note. Auch materielle Belohnungen gehören dazu, z.B. ein Geschenk der Eltern oder 10€ für die Note 1 von der Oma.

„Die intrinsische Motivation ist ein Antrieb von innen heraus, aus sich selbst. Der Schüler arbeitet nicht um materiell belohnt zu werden oder um eine Strafe (negative Belohnung) zu vermeiden, er erledigt die Aufgabe, weil er Spaß an der Sache hat, weil es ihm Freude bereitet ein schwieriges Problem zu lösen, weil er die dargebotene Aufgabe interessant findet. Oft geschieht es natürlich, dass intrinsische und extrinsische Beweggründe zugleich wirksam werden und das ist nicht negativ. Insgesamt sollten die intrinsischen Faktoren überwiegen. Wenn das Lernen aus eigenem Antrieb und aus Interesse erfolgt, ist das die stärkste Motivation"( T. Seufert in didacta 3/16 Seite 5)

Forderungen:

-Der gesamte Unterrichtsaufbau muss nun darauf abzielen, dass die Schüler mit Freude arbeiten, dass der Lernstoff interessant aufbereitet wird, dass viele kleine und später größere Erfolgserlebnisse erreicht werden können.

- selbsterfundene Aufgaben sind meist interessanter als Aufgaben aus dem Buch

- der Lernstoff sollte in viele kleine Lernschritte zerlegt werden

-Aufgaben, die faszinieren, die zum Staunen bringen, sind dabei sehr förderlich

-auch unlösbare, absurde Aufgaben sind hier angebracht

-offene Aufgaben, die verschiedene Wege, aber auch verschiedene Lösungen zulassen

-Fermi-Aufgaben


## 4.2.2 Denkaufgaben, Rätsel, Knobelaufgaben, die motivierend sind, Spaß machen und Erfolgserlebnisse entstehen lassen

In der Aufwärmphase oder auch mal während des Unterrichts lockern kleine Aufgaben, die zum logischen Denken anregen und motivieren, besonders auf, machen den Unterricht abwechslungsreich, interessant und die Schüler haben Spaß an der Sache. Sehr oft kann man die Aufgaben so wählen, dass sie auch genau zum Lernstoff der folgenden Stunde passen. Gerade diese kleinen Denk- und Knobelaufgaben sind dazu geeignet, dass viele Schüler immer wieder kleine Erfolgserlebnisse erzielen. Die Motivation und die Freude auf weitere solche Aufgaben und schließlich auch die ständige Erwartungshaltung an die nächste Mathematikstunde wird dadurch erheblich gesteigert, sowie das Glücksgefühl, wenn man etwas selbstständig gelöst hat. Auch das Selbstbewusstsein steigt ganz deutlich durch ein Erfolgserlebnis.

Celina „Ich stand noch nie auf einer Zwei in Mathe. Endlich habe ich es geschafft und darauf bin ich sehr stolz." (Abschussbuch 2016)

1) Inselsteuer:

Auf einer fernen Insel wurde ein besonderes Steuersystem eingeführt. Die Inselbewohner müssen so viel Prozent Steuern zahlen, wie sie Tausender verdienen. Wer beispielsweise 5000 Pfund verdient, zahlt 5% Inselsteuer. Wie viele Pfund möchtest du dort verdienen?

2)

Herr Meier kauft ein Hemd für 32€, eine Krawatte für 18€ und zwei Paar Socken für je 8€. Wie alt ist die Verkäuferin?

3)

Du hast einen 5 Liter-Krug und einen 3-Liter-Krug und einen genügend großen Wasservorrat. Wie kannst du genau 4 Liter abmessen? Du darfst auch Wasser wegschütten.

4)

Wieviel ist ein Viertel von der Hälfte eines Achtels?

5)

In einem Bus sitzen 6 Personen, 10 Personen steigen an der nächsten Haltestelle aus. Wie viele Personen müssen an der folgenden Haltestelle wieder einsteigen, damit der Bus leer ist?

6)

As I was going to London, I met a man with seven wives. Each wife had seven sacks, each sack had seven cats, each cat had seven kits. How many were going to London?

7)

Versuche 100 mit sechs gleichen Ziffern zu schreiben!

8)Wenn ich an meinem Mantel $\frac{1}{3}$ aller Knöpfe aufknöpfe und dann wieder ¼ zuknöpfe, bleibt ein Knopf offen. Wie viele Knöpfe hat der Mantel?

9)Wir haben neun gleichgroße Kugeln. Eine Kugel ist jedoch leichter. Du hast eine Balkenwaage und nur zwei Versuche um die leichtere Kugel zu finden.

10)Vier Ziegen geben an vier Tagen vierzig Liter Milch. Wie viele Ziegen geben an zehn Tagen 100 Liter Milch?

11)

In einem Zug befinden sich mehrere Menschen. 19 steigen in der ersten Station aus und 17 steigen ein. Jetzt sind 63 Menschen im Zug. Wie viele Menschen sitzen von Anfang an im Zug?

Entscheidend für die Lösung ist hier die Fragestellung. Sie könnte auch so lauten:

Wie viele Menschen saßen vorher im Zug?

**Aufgabe mit Symbolen**

12 a) Welchen Wert haben die Symbole?

$$\triangle + \triangle = 18$$

$$\triangle + \triangle - \text{⬯} = 11$$

$$\text{⬯} + \triangle + \blacksquare = 80$$

$$\blacksquare - \text{⬯} - \text{☺} = 9$$

**12b)**

Wenn die Abbildung 1 den Wert 27 hat und die Abbildung 2 den Wert 65.
Welche Größe haben dann die beiden Symbole ?

Abbildung 1

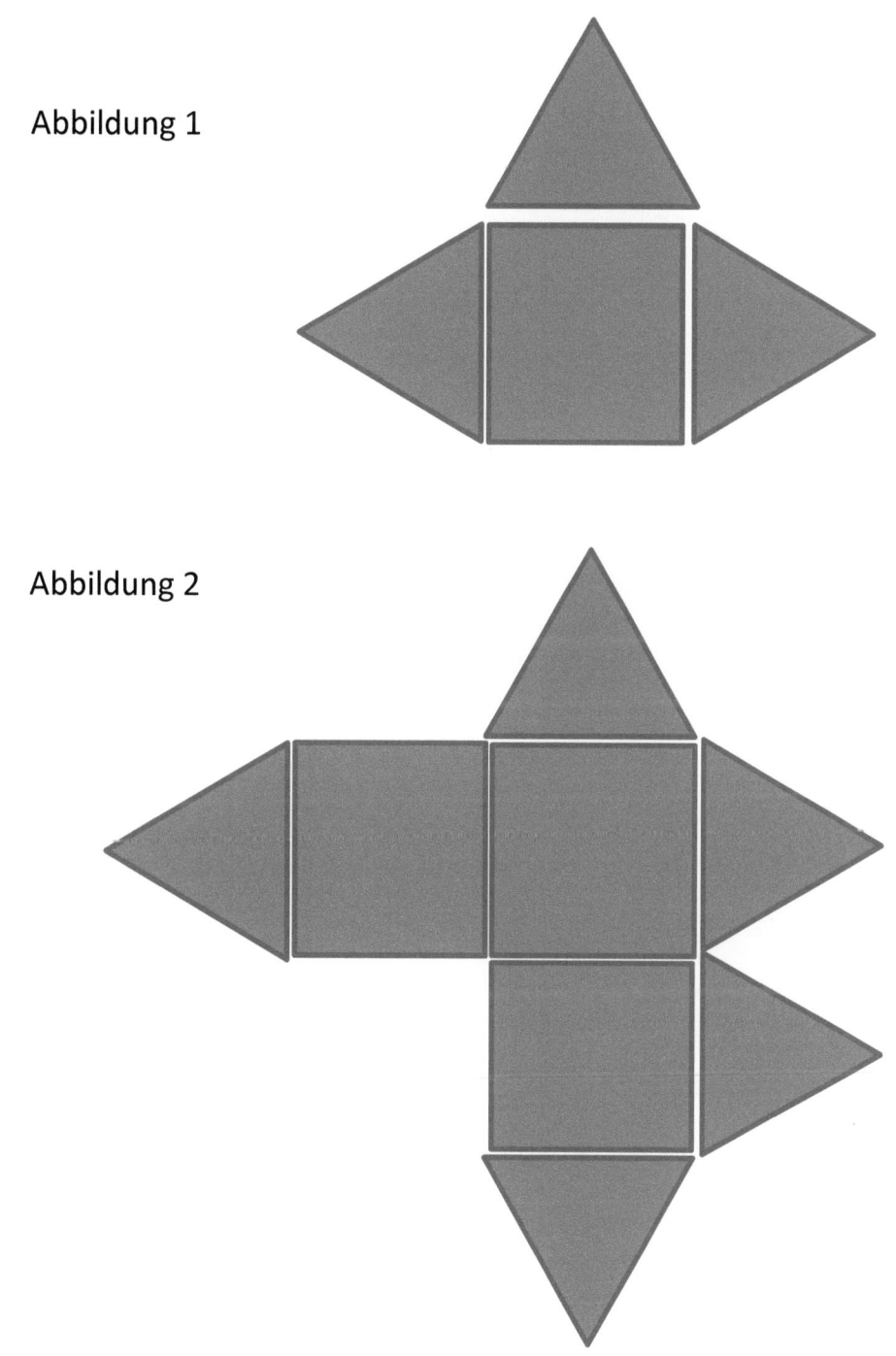

Abbildung 2

Nach einer längeren Probierphase werden die Schüler erkennen, dass man hier zwei verschiedene Aussagen zu einem Problem hat: 1 und 2. Da diese Aufgabe nach der Einführung des Themas Gleichungssysteme gestellt wird, ist die Lösung dann in dieser Methode zu finden.

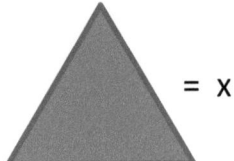 = x            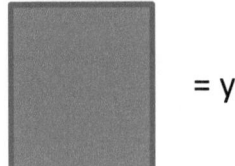 = y

I.      **3x + y   = 27**
II.     **5x + 3 y = 65**

13)

Du nimmst an einem Laufwettbewerb teil und überholst den Drittplatzierten. An welcher Stelle bist du dann?

Du nimmst an einem Laufwettbewerb teil und überholst den Letzten, an welcher Stelle bist du jetzt?

14)

Was ist das? Am Tag da sitzt man darauf, in der Nacht da liegt man darauf und morgens putzt man sich damit die Zähne?

15)

Schachbrettaufgabe. Der Erfinder des

Schachspiels sollte von seinen König als Belohnung

für das erste kleine Schachquadrat ein Weizenkorn,

für das zweite 2, für das dritte 4 usw. bekommen, berechne!

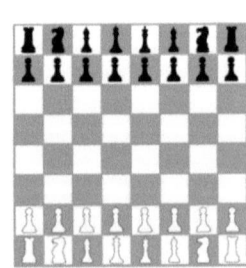

16)

Setze jeweils die richtigen Rechenzeichen ein und du erhältst bei jeder Aufgabe als **Ergebnis 6**

| 2 | 2 | 2 | = 6 |
|---|---|---|---|
| 3 | 3 | 3 | = 6 |
| 4 | 4 | 4 | = 6 |
| 5 | 5 | 5 | = 6 |
| 6 | 6 | 6 | = 6 |
| 7 | 7 | 7 | = 6 |
| 8 | 8 | 8 | = 6 |
| 9 | 9 | 9 | = 6 |

17)

Eine Weinflasche kostet mit Korken 11 €. Die Flasche alleine kostet 10€ mehr als der Korken. Was kostet der Korken?

18)

Zeichne ein –Rechteck mit drei Strichen!

19)

Bei einem Fußballturnier spielen in einer Gruppe 3 Mannschaften, jeder gegen jeden. Wie viele Spiele sind dann nötig?

Wie viel Spiele sind es bei

4 und bei 5 Mannschaften ?

20)

Schätze und berechne!

21)

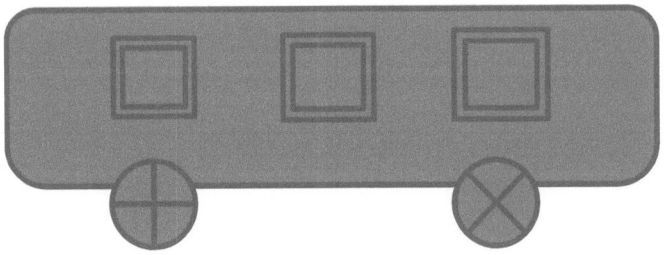

In welche Richtung fährt der Bus?

22)

Was hat drei Buchstaben,

manchmal 8 Buchstaben

und niemals 7 Buchstaben?

---

23)

Eine schwierige Flussüberquerung!

Ein Mann will mit dem Ruderboot über den Fluss. Er hat einen Löwen, eine Ziege und einen Krautkopf dabei. Er kann aber immer nur ein Tier oder den Krautkopf mitnehmen. Lässt er den Löwen und die Ziege allein, dann frisst der Löwe die Ziege. Lässt er die Ziege mit dem Krautkopf zurück, so frisst die Ziege den Krautkopf. Wie schafft er es?

24)

DIN a 4 Blatt falten:

Falte ein Din a 4 Blatt 8-mal! Wie viele Lagen Papier liegen dann übereinander? Wie hoch wäre der Stapel, wenn es möglich ist achtmal zu falten? (Blattstärke 0,5 mm) Wie hoch wäre der Stapel, wenn man 20-mal falten könnte?

25)

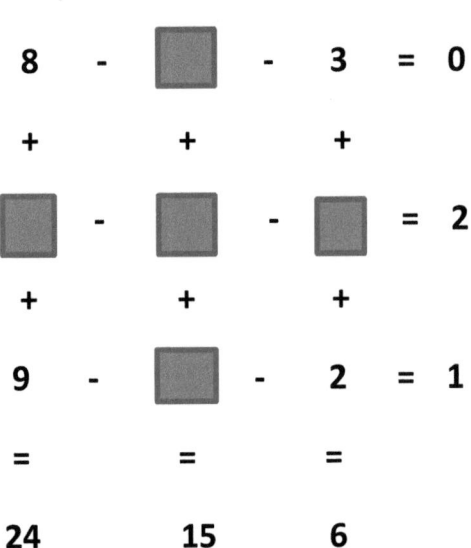

| | | | | |
|---|---|---|---|---|
| 8 | - ☐ | - 3 | = | 0 |
| + | + | + | | |
| ☐ | - ☐ | - ☐ | = | 2 |
| + | + | + | | |
| 9 | - ☐ | - 2 | = | 1 |
| = | = | = | | |
| 24 | 15 | 6 | | |

**Die Ergebnisse der senk-**

**rechten und waagrechten**

**Reihen sind gegeben!**

26)

Streichholzaufgaben

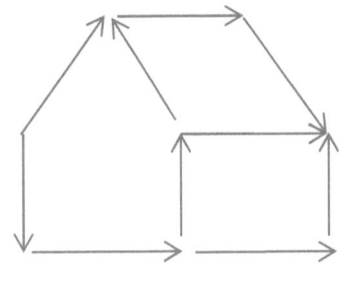

Lege zwei Streichhölzer um, so dass der

Giebel des Hauses in die andere

Richtung schaut!

27)

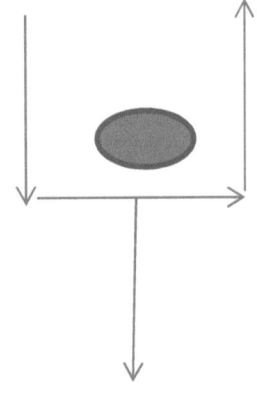

Die vier Streichhölzer symbolisieren eine Schaufel,

auf der Schmutz liegt. Lege zwei Streichhölzer um,

so dass der Schmutz neben der Schaufel liegt!

28)

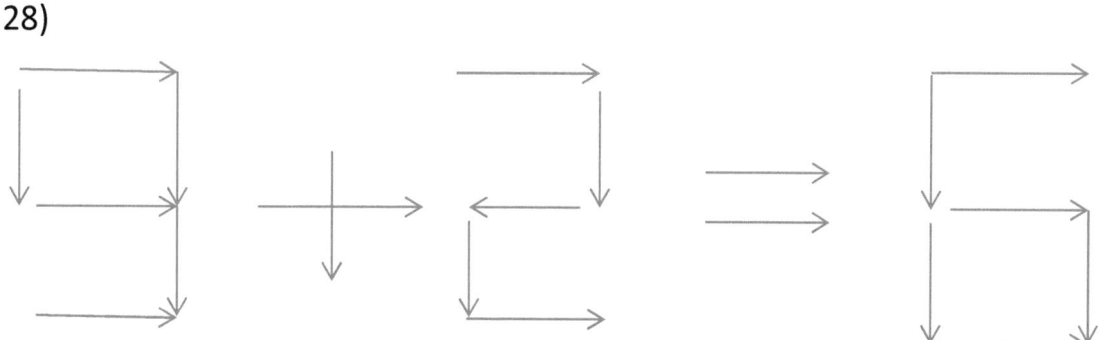

Lege ein Streichholz um, so dass das Ergebnis = 6 stimmt!

29) Münzen legen

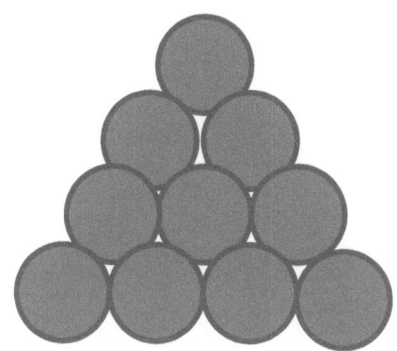

Lege drei Münzen so um, dass die Spitze

nach unten zeigt!

30)

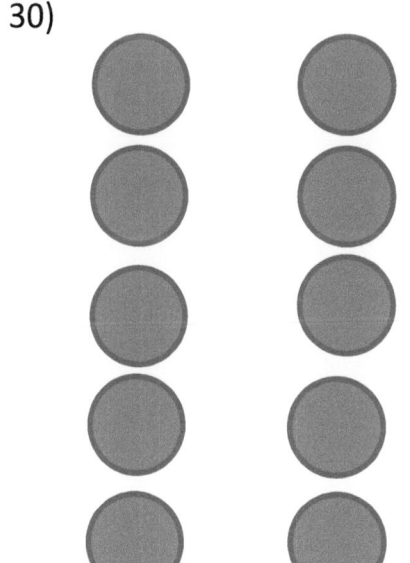

Lege mit diesen Münzen zwei Reihen zu je

6 Münzen!

31)offene Aufgaben individuell variieren

3x + 28 - 4x + 3( x - 5) = 21

-wie verändert sich das Ergebnis, wenn man die Klammer weglässt?

-wie ändert sich das Ergebnis, wenn man andere Vorzeichen setzt?

-Welchen Wert muss x annehmen, damit man als Ergebnis 19 erhält?

-wo kann ich eine neue Klammer setzen?

-Was ändert sich wenn ich eine neue Klammer setze?

-Welchen Wert muss x annehmen, damit das Ergebnis 0 ist?

-suche noch selbst eine Variation

32)

Arbeitsauftrag 3 aus ( Bay. Staatsministerium für Unterricht und Kultus„ Weiterentwicklung des mathematisch-naturwissenschaftlichen Unterrichts" München im Mai 2002  Seite 64)

Die Seitenlängen eines Dreiecks

sind als Terme festgelegt

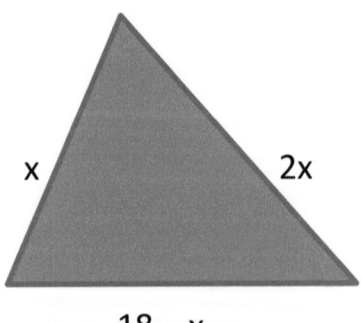

x          2x

18 – x

1. Untersuche, wie sich das Dreieck mit steigender Belegung für x verändert.
2. Welche Gesetzmäßigkeiten kannst du entdecken?

3. Untersuche auch den Umfang des Dreiecks.

   Gibt es auch gleichschenkelige oder sogar gleichseitige Dreiecke?

4. Können alle untersuchten Dreiecke auch wirklich gezeichnet werden?

5. Lege ein bestimmtes Maß für den Umfang fest und erfinde neue

   Terme für die Seitenlängen, die genau diesem Umfang entsprechen.

33)

Prüfungsaufgabe Mathematik / 2001 AG 1

Finde möglichst viele verschiedenen Lösungswege und stelle sich auch als
Gleichung dar.

Ein rechteckiger Pool mit den

Seitenlängen 14m und 10,5m

wird eingefasst. Die Einfassung ist

rundherum gleichbleibend breit

und hat einen Flächeninhalt von

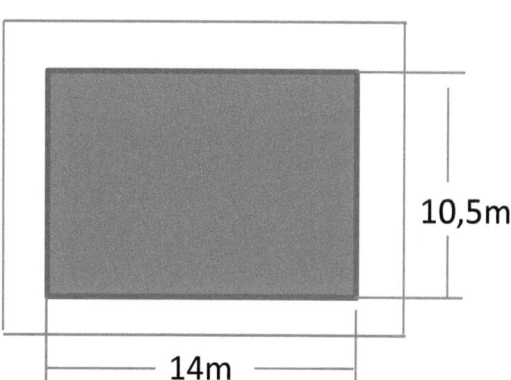

$25.5 m^2$ . Wie breit ist die Einfassung?

I)  $10,5x + 14x + 2x^2 + 10,5x + 14x + 2x^2 = 25,5 \ m^2$

II)  $(14+2x) \cdot x \cdot 2 + 10,5 \cdot x \cdot 2 = 25,5 \ m^2$

III)  $14 \cdot x \cdot 2 + 10.5 \cdot x \cdot 2 + 4 \ x^2 = 25,5 \ m^2$

IV)  $(10,5 + 2x) \cdot x \cdot 2 + 14 \cdot x \cdot 2 = 25,5 \ m^2$

V)  $(14 + 2x) \cdot (10,5 + 2 \ x) = 25,5 \ m^2 + 14m \cdot 10,5m$

34) Eine Mutter hat ihren Söhnen  außergewöhnliche Namen gegeben.

   Sie heißen Norden, Osten und Süden. Wie heißt der vierte Sohn.

   Welchen Namen hat also der vierte Sohn?

35) Fermi Aufgaben

Prof. Enrico Fermi (1901 -1954) stellte seinen Studenten gerne Aufgaben, die absurd, fast unlösbar erschienen. Zitat Enrico Fermi: „Jeder Mensch kann zu jeder Frage eine Antwort finden."

Diese Aufgaben fordern auf, neue ungewöhnliche Lösungswege zu finden und dabei sind die Wege nicht vorgegeben sondern fallen individuell verschieden aus. Es ist hier nicht wichtig eine bestimmte Zahl zu finden, vielmehr sollen plausible Problemlösungswege dargestellt werden. Am Ende stellt man fest, dass es keine unlösbaren Aufgaben gibt. Den Schülern machen solche Aufgaben Spaß, sie lernen selbstständig neue Strategien kennen und gehen mit Selbstvertrauen alle anderen Aufgaben an.

Beispiele:

-Wie viele Menschen sitzen in einem 6 km langen Stau auf der Autobahn?

-Wie lang braucht man um die Welt einmal zu Fuß zu umrunden?

-Wie viele Bücher könnte ein Mensch in seinem Leben lesen?

-Wie lange ist der Streifen Zahncreme, der in einer Tube steckt?

-Wie viele Meter Haare wachsen uns Schülern während einer Mathematikstunde?

( www.isb.de / Neue Aufgabenkultur)

36)      8 : 2( 2 + 2) =

## 4.2.3 Lösungen:

1) 5.0000 Pfund   2) ?

3)Den 5 l Krug füllen und damit den 3 l Krug füllen. Den 3l Krug leeren. Dann die verbleibenden 2 l aus dem 5 l Krug  in den 3 l Krug schütten. Den 5 l Krug wieder füllen und einen Liter auf die 2 l des  3l Kruges schütten. Somit verbleiben im  5 l Krug 4 l.

4) $\dfrac{1}{4} \cdot \dfrac{1}{2} \cdot \dfrac{1}{8} = \dfrac{1}{64}$

5) ?

6) $7^4 = 2401 /$ mit dem Erzähler $= 2402$

7) $99\dfrac{99}{99}$

8) Es ist der Unterschied zwischen $\dfrac{1}{3}$ und $\dfrac{1}{4} = \dfrac{1}{12}$ ,

   also sind 12 Knöpfe am Mantel.

9)

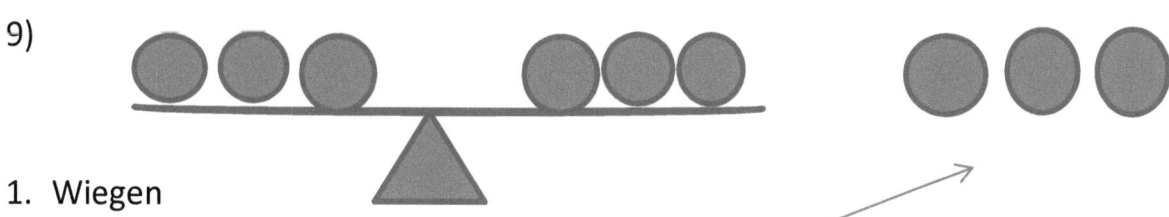

1. Wiegen

Gleichgewicht bedeutet, die leichtere Kugel ist rechts bei diesen 3 Kugeln

Sie kann auch auf einer Seite der Balkenwage sein.

2. Wiegen

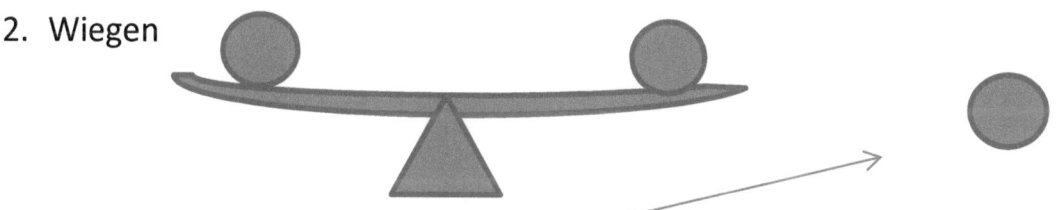

   Gleichgewicht, dann ist die rechte Kugel die leichtere!

10)  4 Ziegen in 4 Tagen 40 l Milch        1 Ziege in 10 Tagen 25 l Milch

   1 Ziege in  4 Tagen  10 l Milch        100l Milch : 25  =  4 Ziegen

   1 Ziege an  1 Tag    2,5 l  Milch

11) Lösung je nach Fragestellung

   - von Anfang an  48 Menschen (schon immer) x-19+17= 63      x=65

     65-17 =  48   Menschen von Anfang an!

   - wie viele waren es vorher?   x - 19 + 17 = 63          x = 65

12a)

$$9 + 9 \qquad = 18 \qquad\qquad 9 + 9 - 7 \ = 11$$

$$7 + 9 + 64 \quad = 80$$

$$64 - 7 - 48 \quad = \ 9$$

12b) I ) $3x + y = 27$ $\longrightarrow$ Y = 27 -3x eingesetzt in II

II) $5x + 3y = 65$

$5x + 3(27 - 3x) = 65$

▲ = 4

■ = 15

13) - an 3. Stelle

- geht nicht

14) Stuhl, Bett, Zahnbürste

15) $8 \cdot 8 = 64$ Felder,

1. Feld ein Korn, 2. Feld 2 Körner, dann immer doppelt so viel!

also $2^{63}$ Körner + ein Korn sind auf dem letzten Feld.

16) folgende Rechenzeichen: $+ \ + \ / \cdot \ - \ / \ + \ - \ \sqrt{4} \ / \ 5^2 + \ : \ / \cdot \ : \ / \ 7^2 - \ : \ /$
$\sqrt[3]{8} + \sqrt[3]{8} + \sqrt[3]{8} \ / \ \sqrt{9} \ \cdot \ \sqrt{9} \ - \ \sqrt{9} \ /$

17) Der Korken kostet 0,5 €

18)

19)  3 Mannschaften /  2+1 Spiele =  3 Spiele

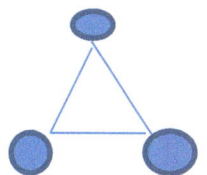

      ⬤     Mannschaften

     —     Spiele

4 Mannschaften / 3 + 2 + 1 = 6 Spiele

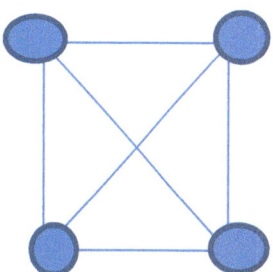

5 Mannschaften/  4 + 3 + 2 + 1 = 10 Spiele

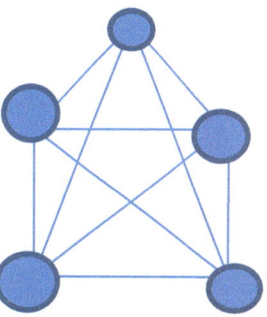

20)  individuell!

21) Der Bus fährt nach links, die Türen sind auf der anderen Seite!

22) „was" hat drei Buchstaben, „ manchmal" hat acht Buchstaben, „niemals" hat sieben Buchstaben.

23)Der Mann fährt mit der Ziege über den Fluss. Dann holt er den Löwen auf die andere Seite, nimmt aber die Ziege wieder zurück mit. Schließlich fährt er mit der Ziege und dem Krautkopf über den Fluss zum Löwen.

24) 8- mal Falten, $2^8$ / 20- mal falten $2^{20}$ / individuell, je nach angenommener Stärke eines Blattes!

25) 1. Reihe waagrecht  5  / 1. Reihe senkrecht 7 /3. Reihe senkrecht 1 / 2. Reihe waagrecht 4 / 3. Reihe waagrecht 6

26)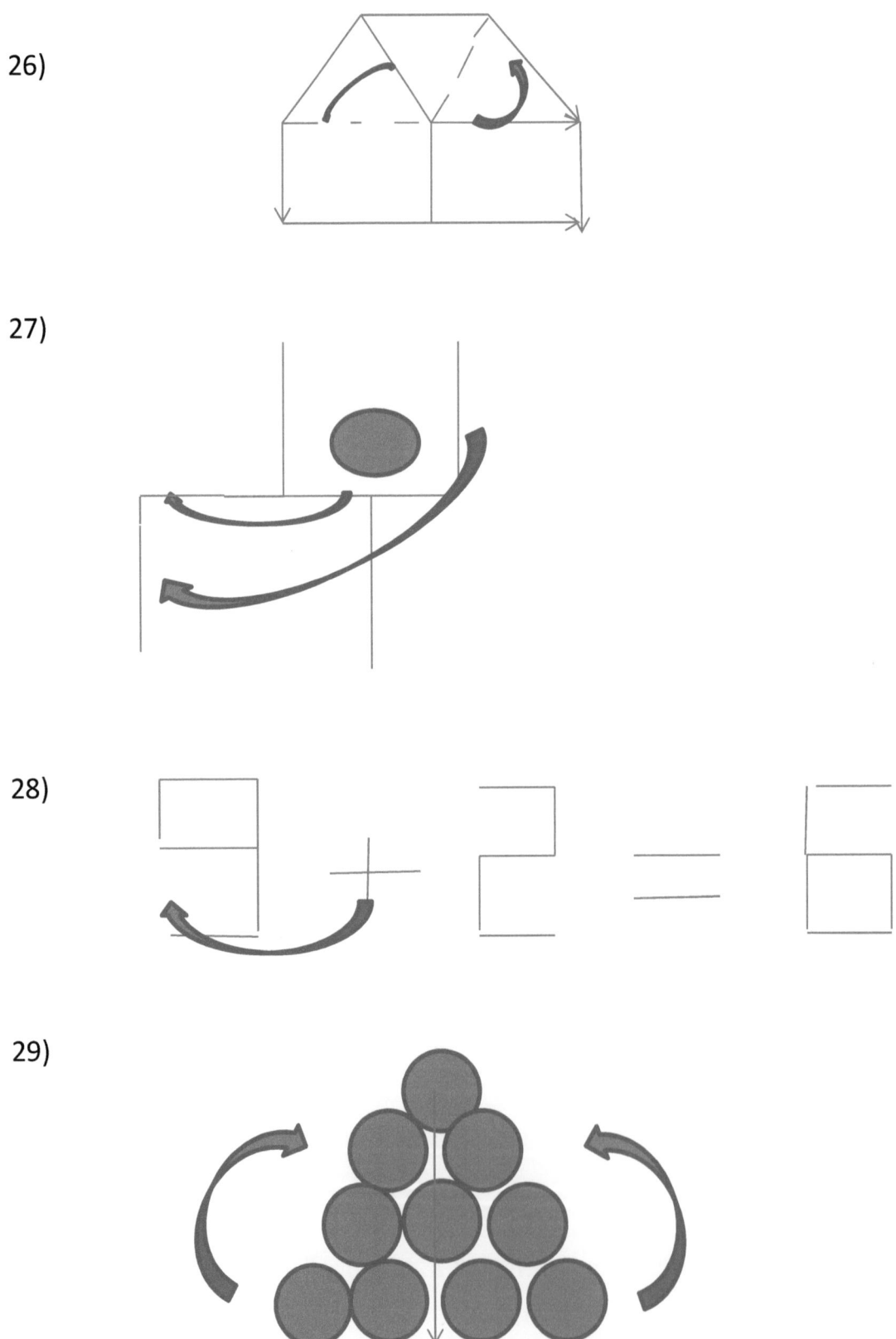

27)

28)

29)

30)

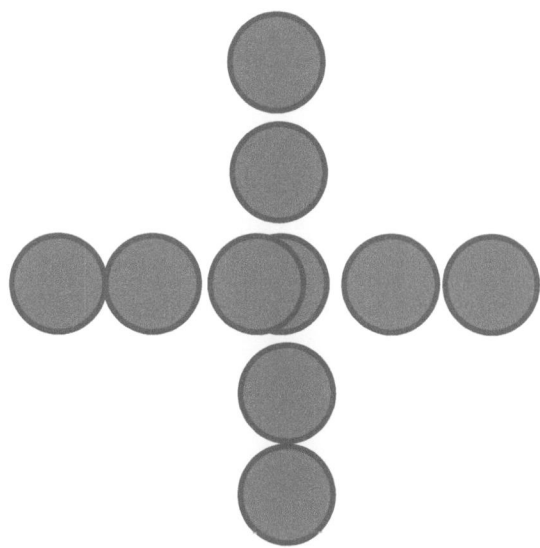

31) individuell!

32) individuell!

33)  $x^2$ + 12,25 x - 6,375 = 0

34) „Wie" heißt der vierte Sohn. Der dritte Satz hat kein Fragezeichen.

35)  individuell!

36)  8 : 2 ( 2 + 2 ) =

Wendet man nur die Vorschrift Punkt vor Strich an, dann ergeben sich zwei Lösungen 1 und 16. Die Erweiterte Vorschrift kann man mit einem Merkwort festhalten „POKLAPS" = Potenz-Klammer-Punkt-Strich!

1)  $8 : 2 \cdot 4 = 8 : 8 = 1$   besser ersichtlich   $\dfrac{8}{2\,(\,2+2\,)} = 1$

2)  $8 : 2 \cdot ( 4 ) = 16$

Klammer, dann Division, dann Multiplikation ( Division vor Multiplikation)

### 4.3 Verständnisintensives Lernen

### 4.3.1 Grundlagen

**Definition von Kerstin Menzel:** „ Ich gebe den Kindern Methoden an die Hand, damit sei am Ende selbst eine Lösung erarbeiten können". (Aus dem Interview von Simone Fleischmann mit Kerstin Menzel, Bay. Schule/ 24.09.2015)

Verständnisintensives Lernen leitet auch die Schüler an, Verantwortung für den Lernprozess zu übernehmen und diesen selbständiger zu gestalten.

„ In einem Unterricht, der weniger auf Kalküle und Routinen, sondern mehr auf verständnisvolles Lernen angelegt ist, in dem eine höhere Selbsttätigkeit der Schüler gefordert wird, spielen Fähigkeiten, wie das selbstständige Beschaffen von Informationen, das Zusammenfassen und Interpretieren von Texten, die verbale Darstellung von Zusammenhängen oder das Verbalisieren von Lösungswegen eine wichtige Rolle" ( „Weiterentwicklung des mathematisch-naturwissenschaftlichen Unterrichts" Bayerisches Staatsministerium für Unterricht und Kultus, München im Mai 2002, Seite 19)

„Bringt ein Lehrer seinen Schülern einen neuen Sachverhalt oder Begriff so bei, dass er diesen ausführlich zu erklären versucht, so werden diese Schüler diesen Sachverhalt vermutlich schneller und besser lernen, als wenn der Lehrer nur einzelne Hinweise und Hilfen gibt, die Schüler im Übrigen aber weitgehend selbstständig den neuen Sachverhalt entdecken lässt. Jedoch werden die Schüler bei dieser zweiten Methode nach erfolgtem Lernen das einmal entdeckte Prinzip länger behalten und es wird ihnen auch leichter fallen, es in neuen Situationen selbstständig anzuwenden, als wenn sie es über eine Erklärungsmethode erlernt hätten. (Weinert, Graumann, Heckhausen, Hofer : „Pädagogische Psychologie" 1974 , Band 1 S.411)

Wenn man einen Lerninhalt fest im Langzeitgedächtnis speichern will, ist es unter anderem auch sehr wichtig, dass man die Sache ganz verstanden hat. Und das Verstehen erreicht man besser durch eigene Tätigkeit. Besonders im Mathematikunterricht ist das Verständnis für ein Problem, für mögliche Lösungswege und für die rechnerische Umsetzung von Aufgabenstellungen in mathematische Rechenoperationen einer der wichtigsten Faktoren im Lernprozess. Man muss also **verstehen,** was man gerade tut. Die Schüler sollen möglichst selbstständig zu einer Lösung kommen und diese auch darstellen und verbalisieren können. Es ist dabei zunächst nicht wichtig eine exakte Lösung zu erhalten, sondern man setzt sich intensiv mit dem Problem auseinander. Wie kommt man zu diesem intensiven Verständnis?

1. hohe Selbsttätigkeit der Schüler
2. mit verschiedenen Sinnen den Sachverhalt bearbeiten
3. die Aufgaben variieren
4. Methodenvielfalt
5. die Lösung „ohne Formel" selbstständig erklären und wenn möglich, zeichnerisch darstellen können

### 4.3.2 Beispiel: Den Höhensatz durch zeichnen, ausschneiden und vergleichen erschließen

Arbeitsaufträge:

1. Zeichne ein beliebiges rechtwinkeliges Dreieck!
2. Zeichne das Quadrat über der Höhe ein und das Rechteck aus den Abschnitten p und q!
3. Versuche durch Ausschneiden das Höhenquadrat mit dem Rechteck vollständig abzudecken
4. Was stellst du fest?
5. Kannst du daraus ein mathematisches Gesetz formulieren?
6. Stelle eine Formel auf!   C

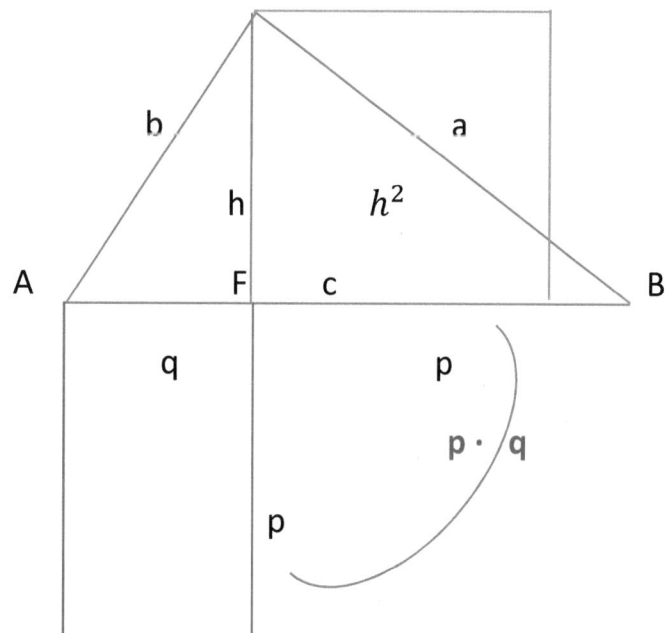

**Im ersten Schritt** erkennen die Schüler durch eigenes Tun, dass das Quadrat über der Höhe etwa gleich ist mit dem Rechteck aus den Größen q mal p. Durch das Zeichnen, Ausschneiden und das Finden einer individuellen Möglichkeit, um diese beiden Flächen zu vergleichen, beschäftigt sich jeder Schüler intensiv mit dem Problem und viele Sinne werden angeregt. Der Lehrer kann sich weitgehend zurückhalten.

**Im zweiten Schritt** wird versucht den Höhensatz über ähnliche Dreiecke zu ermitteln. Dies geschieht zunächst nur durch eigene Formulierungen der Schüler*innen. Sie stellen dann vor der Klasse ihre Arbeit dar. Dabei werden noch Fehler oder Verbesserungen diskutiert.

Das oben angeführte Dreieck wird als großes Modell in zwei Dreiecke zerschnitten. Die Schüler*innen stellen nun durch Übereinanderlegen der beiden Dreiecke fest, dass das Dreieck FCA ähnlich ist zum Dreieck FBC. Daraus ergibt sich folgende Beweisführung:

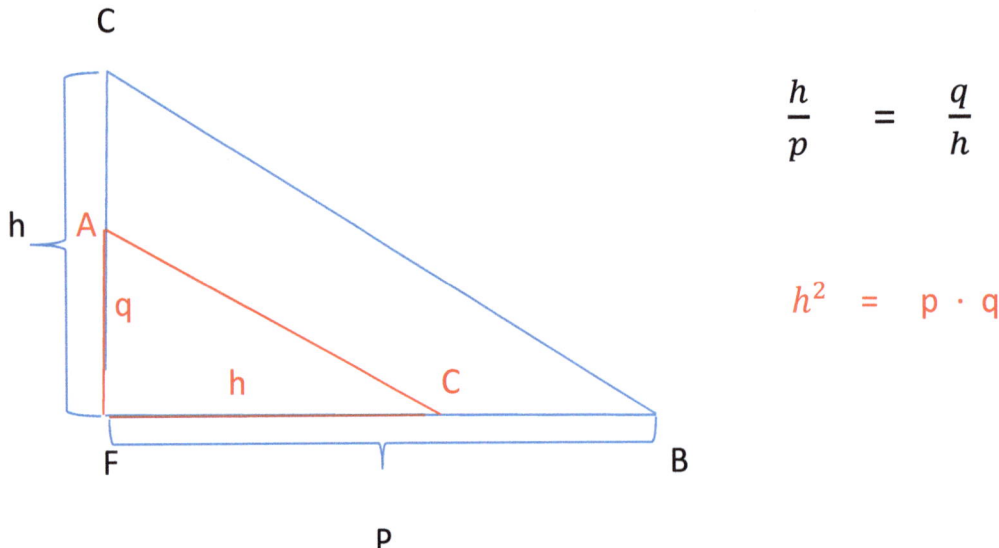

$$\frac{h}{p} = \frac{q}{h}$$

$$h^2 = p \cdot q$$

Schließlich wird **im dritten Schritt** der Höhensatz über den Satz des Pythagoras und den Kathetensatz hergeleitet.

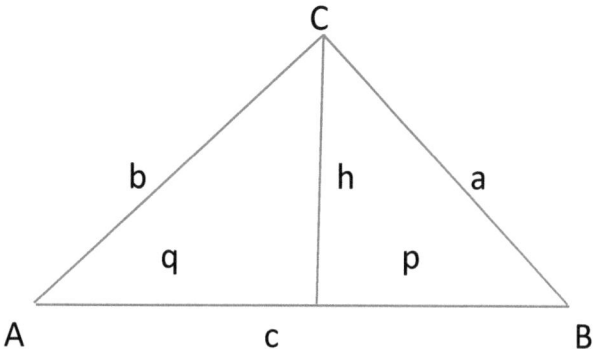

| | | | |
|---|---|---|---|
| Nach dem Pythagoras gilt: | $h^2 + p^2$ | $=$ | $a^2$ |
| Beim Kathetensatz gilt: | $c \quad \cdot \quad p$ | $=$ | $a^2$ |

Daraus folgt:

$$h^2 + p^2 = c \cdot p$$

$$h^2 + p^2 = (p + q) \cdot p$$

$$h^2 + \cancel{p^2} = \cancel{p^2} + q \cdot p$$

$$h^2 = q \cdot p$$

Wir haben jetzt erreicht, dass durch verschiedene Arbeiten, Methoden und Aktionen mehrere Wege zu diesem Mathematikgesetz durchgearbeitet wurden. Nun werden mehrere Variationen zu dieser Aufgabe bearbeitet, damit das Verständnis für dieses Gesetz verinnerlicht wird, bzw. die entsprechende Nachhaltigkeit erzielt wird. Es werden die einzelnen Faktoren berechnet und um einen weiteren Blickwinkel zu bekommen, wird eine Aufgabe auf den Kopf gestellt.

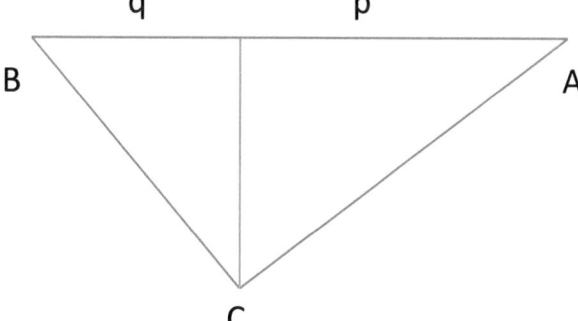

Der letzte Schritt ist nochmal die Verbalisierung dieses mathematischen Gesetzes. Jeder Schüler erklärt mit eigenen Worten den Sachzusammenhang. Sie können beginnen mit: „Heute hab ich gelernt,…

### 4.3.3 Durch Verbalisieren und visualisieren zu mehr Verständnis kommen

Verbalisieren und visualisieren sind zwei enorm wichtige Methoden um mathematische Gesetze zu verstehen. Wenn man etwas in eigenen Worten wiedergeben kann und in der Lage ist das auch zeichnerisch darzustellen, dann hat man das Ganze nachhaltig verstanden.

**Elisabeth**, 2014: „Heute habe ich gelernt, wie man den Höhensatz ausrechnet. Die Seite gegenüber dem rechten Winkel besteht aus zwei Abschnitten. Wenn man diese Hypotenusenabschnitte malnimmt, bekomme ich die Höhe im Quadrat heraus!"

**Helene**: „Heute habe ich gelernt, wie man den Thaleskreis zeichnet und anwendet. Ich zeichne zuerst eine Strecke AB und konstruiere auf der Strecke die Mittelsenkrechte. Um die Mittelsenkrechte erstelle ich einen Kreis mit dem Radius aus der Hälfte der Strecke. Auf dem Kreis lege ich den Punt C fest und verbinde A, B und C zu einem Dreieck. Das Dreieck hat dann einen rechten Winkel."

**Nico**: „Heute habe ich gelernt, wie man den Satz des Pythagoras anwendet. Man muss zuerst ein rechtwinkeliges Dreieck zeichnen. Dann mache ich über den Seiten a, b und c ein Quadrat. Das Quadrat a und das Quadrat b ergeben zusammen das Quadrat c. Also $a^2 + b^2 = c^2$ ."

**Denise**: „Heute habe ich gelernt, wie man die Zinseszinsen berechnet. Man rechnet z.B. ein Kapital nach 6 Jahren aus, indem man das Anfangskapital mal den Prozentfaktor hoch 6 nimmt, dann hat man das Kapital nach 6 Jahren."

**Nico**: „ heute habe ich gelernt wie man den Sinus anwendet. Man teilt die Gegenkathete (das ist die Seite, die gegenüber von α liegt) durch die Hypotenuse (Seite c). Die Hypotenuse ist die längste Seite."

**Paulina**: "Heute habe ich gelernt wie man den Höhensatz anwendet. Ich berechne, indem ich zuerst den Hypotenusenabschnitt p mit dem

Hypotenusenabschnitt q multipliziere und dann daraus die Wurzel ziehe, so erhalte ich die Höhe."

Das Verbalisieren ist also ein wichtiger Punkt im „verständnisintensiven Lernen". Die Schüler befassen sich nochmal mit der gefundenen Erkenntnis und versuchen diese möglichst ohne Formel zu beschreiben. Wenn auch die Formulierungen nicht immer komplett richtig sind, so ist die Arbeit ein fundamentaler Baustein um diesen mathematischen Zusammenhang auch später noch nachvollziehen zu können, weil er verinnerlicht wurde. Das führte bei meinen Schülern dazu, dass sie in Schulaufgaben und auch in der Prüfung fast ganz auf die Formelsammlung verzichten konnten. Die Aufgaben wurden so schneller und auch sicherer bewältigt. Durch die selbstständige Erarbeitung, die genaue Reflektion über dieses mathematische Gesetz und die anschließende Verbalisierung haben die Schüler den Lernstoff nachhaltig und immer abrufbereit in ihrem Gedächtnis verankert.

Es folgen verschiedene Textarbeiten zu dieser Thematik. Um das Ganze einzuüben und um die entsprechende Nachhaltigkeit zu erreichen, werden verschiedene Methoden angewandt, die auch die nötige Motivation steigern und die natürlich auch Spaß machen. (Stationsarbeit /Expertenrunde/ Kugellager... Diese Methoden werden später im Teil Methodenvielfalt erklärt.)

### 4.3.4 Variation der Aufgaben intensivieren das Verständnis

Um ein Thema umfassend und nachhaltig abzuschließen, und um das verständnisintensive Lernen zu fördern, bietet sich an das Kapitel in verschiedenen Variationen an einer Aufgabe durchzuarbeiten. Im folgenden Beispiel wird dies bei den Wachstumsaufgaben aufgezeigt.

Interessant bei diesen Aufgaben war, dass es immer Probleme mit der Anwendung der Formel gab. Etwas musste beim Verständnis für diese Aufgaben falsch laufen. Es war eigentlich nur eine Kleinigkeit. In unseren Büchern wird die Ausgangsformel immer nur so dargestellt:

$$K_n \ = \ K_0 \ \cdot \ q^n$$

$$W_n = W_n \cdot q^n$$

Der Wert am Ende einer bestimmten Zeit ist gleich dem Wert am Anfang mal dem Prozentfaktor, potenziert mit der Anzahl der Jahre bzw. der Zeiteinheiten.

Verständlicher ist die Formel doch, wenn man sie umstellt und die chronologische Reihenfolge beachtet.

$$W_0 \cdot q^n = W_n$$

Der Wert am Anfang - mal dem Prozentfaktor - hoch Anzahl der Jahre - ist gleich dem Wert am Ende.

Nach dieser minimalen Umstellung, es war einfach verständlicher für die Schüler geworden, gab es kaum mehr Probleme mit dieser Aufgabengruppe. Sehr vorteilhaft hat sich dabei auch die Darstellung aller vier möglichen Rechenoperationen mit dieser Formel auf einer Seite im Heft erwiesen. Natürlich durften die Schüler diese Formel auch mit eigenen Worten wiedergeben. Aber nicht nur das Verbalisieren brachte Einsicht, sondern auch das Visualisieren, d.h. die Aufgabenproblematik wurde zeichnerisch dargestellt.

Beispiel Wachstum/ Variation Schülerheft 28.10.11 und 10.11.11·

Die Einführung wurde mit einem sehr einfachen, durchschaubaren Beispiel durchgeführt, damit eben dem verständnisintensiven Lernen Rechnung getragen wird.

„Eva legt bei einer Bank 5000€ für 5 Jahre bei einem Zinssatz von 4% an. Die Zinsen werden jedes Jahr auf das Kapital gutgeschrieben. Wie hoch ist das gesamte Kapital dann nach 5 Jahren?

$K_1:$    $5000 \cdot 4 \% / \frac{4}{100} = 200€$    $5000 + 200 = 5200€$

$5000 \cdot 1{,}04 = 5200$   (mit dem Prozentfaktor)

$K_1 \cdot 1{,}04$    $K_2 \cdot 1{,}04$    $K_3 \cdot 1{,}04$    $K_4 \cdot 1{,}04$    $K_5 \cdot 1{,}04$

Kurzform:    $\mathbf{5000 \cdot 1{,}04^5 = 6083{,}26\ €}$

$$\mathbf{K_0 \cdot q^5 = K_n}$$

Positives Wachstum $\quad q = (1 + \frac{p}{100})^n$

Negatives Wachstum $\quad q = (1 - \frac{p}{100})^n$

Nach dieser Einführungsstunde werden alle anderen berechenbaren Faktoren dargestellt und es folgen dann die einzelnen Variationen im Überblick.

Beispiel:

Eine Kleinstadt hatte Ende des Jahres 2004 8400 Einwohner. Bis zum Ende des Jahres 2016 hat sich die Bevölkerungszahl durchschnittlich alle zwei Jahre um 2,4% erhöht. Wie viele Einwohner hat die Stadt am Ende des Jahres 2016?

12 Jahre: 2 Jahre = 6 mal

$$W_0 \quad \cdot \quad q^n \quad = \quad W_n$$

1. $\quad 8400 \cdot 1,024^6 = $ 9684 Einwohner

2. $\quad W_0 \cdot 1,024^6 = 9684 \quad /: 1,024^6$

$\quad\quad\quad W_0 = 8400$

3. $\quad 8400 \cdot q^6 = 9684 \quad /: 8400$

$\quad q = \sqrt[6]{\frac{9684}{8400}} = 1,024 \quad 1,024 - 1 = 0,024 = 2,4\%$

4. $\quad 8400 \cdot 1,024^n = 9684 \quad / :8400$

$\quad\quad 1,024^n = 1,152857$

$\quad$ Log 1,152857 : log 1,024 = n = 6 mal / 12 Jahre

---

Sehr nützlich ist es auch bei komplexen Aufgaben aus diesem Themenbereich, dass man den Sachverhalt zeichnerisch übersichtlich darstellt. (Beispiel)

Eine Stadt hatte Ende 2014  12400 Einwohner. Von Ende 2008 bis Ende 2014 stieg die Einwohnerzahl durchschnittlich jährlich um 2,25%. Von 2008 bis Ende des Jahres 2018 verringerte sich die Einwohnerzahl durchschnittlich jährlich um 1,5%.

a)Wie viele Einwohner hatte die Stadt 2008?

b) wie viele Einwohner hatte die Stadt 2018?

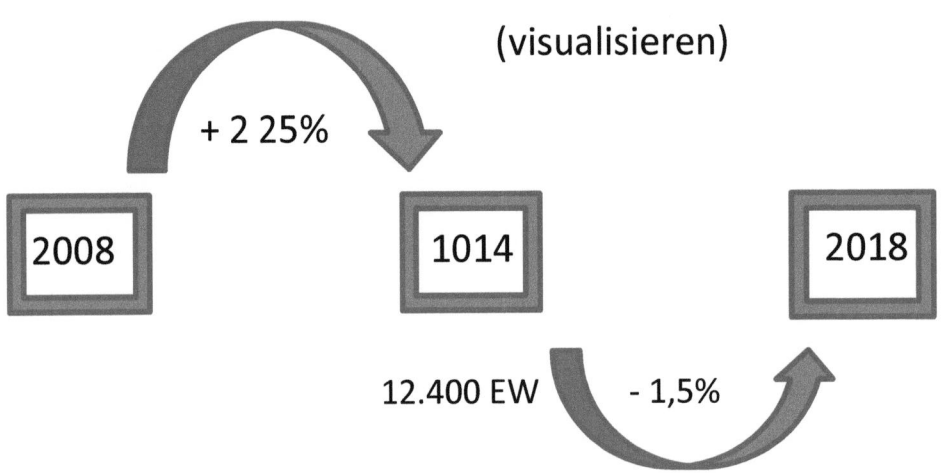

(visualisieren)

+ 2 25%

2008    1014    2018

12.400 EW    - 1,5%

Zusammenfassend kann man feststellen, dass das verständnisintensive Lernen der erste, aber auch einer der wichtigsten Schritte ist, um einen Lerninhalt zu verinnerlichen und nachhaltig zu behalten. So gelernte mathematische Gesetze können dann auch später wieder problemlos abgerufen werden. Man kann sich diesen Prozess folgendermaßen vorstellen:

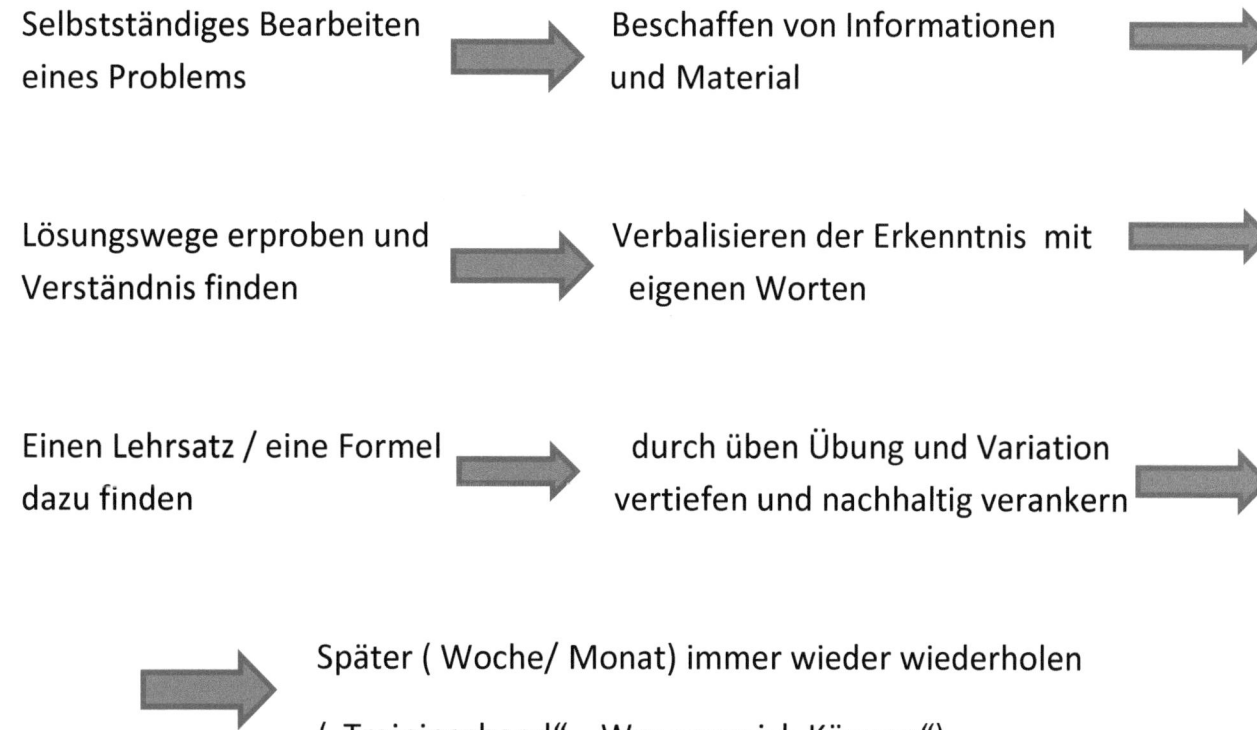

Selbstständiges Bearbeiten eines Problems → Beschaffen von Informationen und Material →

Lösungswege erproben und Verständnis finden → Verbalisieren der Erkenntnis mit eigenen Worten →

Einen Lehrsatz / eine Formel dazu finden → durch üben Übung und Variation vertiefen und nachhaltig verankern →

→ Später ( Woche/ Monat) immer wieder wiederholen
(„Trainingsband", „Was muss ich Können")

## 4.4 Eigenverantwortliches Lernen

### 4.4.1 Grundlagen

„Die Bereitschaft und die Fähigkeit, selbstverantwortlich zu lernen und dabei wirksame Strategien zu verwenden, müssen im Fachkontext entwickelt werden. Die Schüler benötigen deshalb im mathematisch-naturwissenschaftlichen Unterricht Gelegenheiten, eigenständige Lösungen zu erarbeiten sowie unterschiedliche Übungsformen zu erproben, bei denen sie ihr Lernen selbst strukturieren und überwachen können." (Staatsministerium für Unterricht und Kultus: Weiterentwicklung des mathematisch-naturwissenschaftlichen Unterrichts, S.19 /Mai 2002)

Dieses Lernen kann man mit dem Erlernen einer komplexen Sportart, wie z.B. dem Skifahren vergleichen: Skifahren zu können ist nicht einfach, denn man hat ein Hightech-Gerät vor sich, das komplizierte Bewegungsformen erfordert. Mit der richtigen Methode und dem geeigneten Skilehrer kommt man aber dennoch schnell ans Ziel. Es erfordert eine Menge Selbsttätigkeit und Eigenverantwortung und Skifahren lernt man nur durch Skifahren, nicht durch Zusehen.

Dieses „neue" Lernprinzip fordert nicht nur von den Schülern, sondern auch vom Lehrer andere Verhaltensweisen und andere Strategien als der herkömmliche Unterricht.

### 4.4.2 Die Rolle des Lehrers

„Natürlich handelt Schule und Lehrkraft immer unter bestimmten Rahmenbedingungen, es kommt aber vielmehr darauf an, was in der Schule selbst passiert: Der Lehrer sollte seine Rolle als zentrale Person wahrnehmen, auch durchaus hohe Erwartungen an die Schüler haben. Er sollte beim Unterrichtstempo gut vorangehen, aber die Schüler gleichzeitig mitnehmen. Wichtig ist also die Lehrerkompetenz und auch die Lehrer-Schüler-Beziehung." (Dr. Christine Sälzer in „Schule & Wir" Nr. 3/2015 Seite25)

Der/die Lehrer*in muss also neue Verhaltensweisen, neue Methoden und andere Vorgehensweisen als im herkömmlichen Unterricht verwenden, um eine andere Qualität in seinem Unterricht zu erreichen. Folgende Aufgaben werden hier auf den/die Lehrer*in zukommen:

- Aufgaben konstruieren, die selbständiges Lernen zulassen

- den Freiraum für selbstständiges, eigenverantwortliches Lernen

bereitstellen

- sich im Unterricht zurücknehmen

-für Fragen und Probleme auf Augenhöhe mit den Schülern

kommunizieren

-mehr Zeit für die Einführungen einplanen

- die Schüler zu einem ruhigen, disziplinierten Arbeiten anhalten

- darauf achten, dass vereinbarte Arbeits- und Klassenregeln

eingehalten werden

Nicht immer sind geeignete Aufgaben in den Büchern vorhanden. Deshalb ist es oft wieder nötig, dass der/die Lehrer*in Aufgaben konstruiert, die für seine Lernziele, aber auch für seine Schüler passen. Der Schüler soll also mit diesen Aufgaben selbstständig, eigenverantwortlich und möglichst mit allen Sinnen zu einem Verständnis der Problematik kommen. Es werden nicht immer alle Schüler komplett zur betreffenden Erkenntnis kommen, jedoch sollen die Aufgaben so gestellt sein, dass viele zu einem Erfolgserlebnis gelangen. Die Probleme sollten aus dem Erfahrungsbereich der Schüler stammen und motivierend sein, indem sie die Neugierde der Schüler wecken. Besonders geeignet sind Aufgaben, die die Schüler zum Rätseln, zum Staunen bringen. Auch lustige Geschichten, unlösbare und fehlerhafte Sachverhalte sind hier angebracht.

Die Kommunikation beim eigenverantwortlichen Lernen zwischen Lehrer und Schülern beschränkt sich hierbei auf kurze Impulse. Das geschieht in partnerschaftlicher, reversibler Weise, ohne die selbständige Arbeit der Schüler zu stören oder Lösungsschritte vorwegzunehmen.

Daneben muss auch genügend zeitlicher Raum für eigenverantwortliches, selbstständiges Lernen vorhanden sein. Die übliche Taktung des Unterrichts mit 45 Minuten fällt besonders bei Einführungsstunden weitgehend weg. Dafür kann man bei Übungs- und Wiederholungsstunden dies wieder ausgleichen und natürlich wird auch einen Teil der Wiederholung in die Hausaufgaben einfließen.

Wichtig ist auch, dass die Schüler zu einer ruhigen und disziplinierten Arbeitsweise angehalten werden. Jede Ablenkung, oder auch ein erhöhter Lärmpegel stört die Konzentration und gefährdet den Anfangserfolg und verhindert eventuell, dass der/die Schüler*in zu einer Lösung bzw. zu einer wichtigen Einsicht gelangt. Der Lehrer hält sich zu Beginn komplett zurück und überwacht nur die Einhaltung dieser Regeln. Diese Vereinbarungen müssen aber zuerst ausführlich eingeführt werden und für alle Schüler natürlich verbindlich sein.

Beispiel für solche Regeln:

1. Führe folgende Arbeitsaufträge der Reihe nach aus.
2. Die ersten 10 Minuten ist Sprechverbot.
3. Auch Fragen stellen ist nicht erlaubt.
4. Nach den 10 Minuten kannst du dich mit deinem Nachbar besprechen.

### 4.4.3 Die Rolle der Schüler*innen

-Die Schüler müssen bereit sein Verantwortung für das

Lernen zu übernehmen

- Material und Informationen selber beschaffen

- Lösungswege vorstellen können

- mathematische Erkenntnisse in eigenen Worten und auch

schriftlich/zeichnerisch darstellen und interpretieren können

-mathematisch argumentieren lernen

-Ergebnisse infrage stellen

- auch in den anderen Fächern diese Strukturen anwenden dürfen

-in der Gruppe Verantwortung übernehmen

Es bedarf schon einer gewissen Zeit, bis die Schüler lernen für den Ablauf eines Lernprozesses selbst Verantwortung zu übernehmen. Sie müssen erkennen, dass nicht immer der Lehrer für alles verantwortlich ist. Sie werden angehalten, Material und Informationen und neue Aufgaben zu beschaffen. Dabei versuchen sie selbstständig einen Lösungsweg zu konstruieren, ihn zu überdenken und kritisch zu bewerten. Irrwege und falsche Lösungen haben hier auch einen wichtigen Platz. Daraus kann man sehr gut lernen. Wo wurde der Denkfehler gemacht und wie geht es richtig weiter?

Bei der Vorstellung der Lösungswege werden die Schüler selbstständig ihre Gedanken darlegen und interpretieren. In der Diskussion über diese Aufgabe können auch neue Erkenntnisse auftauchen, die sehr fruchtbar für die Lösung des Problems sind. Diese eingehende Beschäftigung mit dem Thema führt auch zu einem intensiven Verständnis und das Lernziel wird dann sicher auch langfristig verstanden. Ebenso übt man hier das mathematische Argumentieren intensiv ein und wendet immer wieder fachsprachliche Begriffe aus der Mathematik an. Aber auch die kritische Auseinandersetzung mit verschiedenen Lösungswegen verbessert den Lernerfolg.

Wichtig ist ebenfalls, dass möglichst alle Lösungswege grafisch dargestellt werden und das nicht nur in der Geometrie. Diese Darstellungen erhöhen das langfristige Behalten und verbessern dadurch den Lernerfolg. Sehr gut geeignet sind hier Grafiken in Power Point oder am Whiteboard. Ein weiterer immens fruchtbarer Schritt ist dann das Festhalten der Erkenntnis im Arbeitsheft. Dieses Heft dient der Wiederholung und der Vorbereitung zur Prüfung. Der Hefteintrag ist sehr wertvoll, wenn er übersichtlich, farblich ansprechend, folgerichtig und in überschaubaren Schritten dargestellt wird, weil er damit das „Lernen mit dem Auge" besonders verwirklicht. (Siehe Hefteinträge 8.1 – 8.4)

In anderen Fächern muss es auch möglich sein, dass die Schüler*innen die Strukturen des eigenverantwortlichen Unterrichts anwenden dürfen. Es sollte also ein allgemeines Unterrichtsprinzip werden. Nicht nur im naturwissenschaftlichen Unterricht, sondern auch in Deutsch, Geschichte, Erdkunde und Sozialkunde muss man als Lehrer darauf achten, dass die Schüler sich natürlich selbst auch für den Lernprozess interessieren und eigenverantwortlich zu einer Lösung bzw. zu einer Darstellung der Problematik kommen. Folgendermaßen kann man hier vorgehen. Zu Beginn des Jahres wird in der Gruppe gearbeitet und die Arbeitsform eingeübt. Dann erfolgt die Erarbeitung, Darstellung und Vorstellung des behandelten Themas vor der Klasse in Partnerarbeit und schließlich auch in Einzelarbeit. Die Unterrichtsstunde läuft dann folgendermaßen ab:

1. Das Thema wird vorgestellt

   Beispiele aus GES:   „War die DDR eine Scheindemokratie?"

   „Das Auto setzt sich durch!"
2. Die Schüler sammeln eigenständig Informationen aus dem Schulbuch und aus dem Internet ( Gruppe, Partnerarbeit oder Einzelarbeit)
3. Herausfiltern der wichtigen Informationen
4. Darstellung der Erkenntnis auf einer Power Point Seite
5.  Präsentation der Arbeiten und Diskussion / Bewertung

   (was fehlt noch, was ist überflüssig….)

Für diese Methode sind einige wichtige  Arbeitstechniken nötig, die man  auch einüben muss. Die Schüler werden zu Beginn dieser Arbeit in das Exzerpieren von Texten eingeführt. Sie lernen hier Wichtiges vom Unwichtigen zu unterscheiden, wobei die wichtigen Passagen farblich hervorgehoben werden. Auch erstaunliche Aussagen oder Inhalte, die besonders interessant sind gehören dazu. Solche Details gestalten die ganze Arbeit motivierender und wecken die Neugierde.

Dabei sollten die Schüler*innen auch gute Kenntnisse in der Darstellung von Sachverhalten auf dem Computer haben. Hier wurde das Programm Power Point gewählt. In einigen Einführungsstunden kann man die vielen Möglichkeiten mit diesem Programm durchspielen, um somit ein sicheres Beherrschen der einzelnen Funktionen zu erreichen. Dazu gehört natürlich auch die grafische Gestaltung von Präsentationsseiten. Wir lernten, wie man Seiten einteilen kann, wie man Bilder an den richtigen Stellen einfügt und wie man entsprechend wichtige Teile hervorhebt.

Viele Phasen des eigenverantwortlichen Lernens finden auch in Partner- oder Gruppenarbeit statt. Es muss dabei darauf geachtet werden, dass sich jeder einzelne in die Gruppe einbringt, Verantwortung für die gesamte Gruppe übernimmt und natürlich auch hinter dem Arbeitsergebnis steht. Das bedarf aber auch einer ausführlichen Vorbereitung.

Im Folgenden werden zwei Schülerarbeiten, die sich in den Schülerheften im Original befinden, vorgestellt.

# War die DDR eine Scheindemokratie ?

1. Die SED (Sozialistische Einheitspartei Deutschlands) war die einzige Partei.

2. Die Massenmedien wurden von der SED kontrolliert.

3. Gegner des Staates wurden als Klassenfeinde abgestempelt und eingesperrt.

4. Wahlen waren keine Wahlen!!!!  - es gab nur eine Partei     -nur einen Kandidaten

5. Haftstrafen für Bürger, die nicht zur Wahl gingen!!

6. Es gab keine Gewaltenteilung Exekutive /Legislative / Judikative

Die DDR war eine

Scheindemokratie

# Das Auto setzt sich durch

## Angst und Hoffnung:

Angst: unmenschliche Zukunft, Zerstörung der Natur, Lärm, Gestank und Gefährlichkeit des Autoverkehrs

Hoffnung: Freiheit, neues Zeitalter, Schnelligkeit, Erfolg, Ansehen

## Auto trennt Arm und Reich

Das Auto gab den Reichen und Vornehmen zurück, was sie durch die Eisenbahn verloren hatten: Sozialprestige, den Unterschied zwischen Arm und Reich. Sie mussten nicht mehr im gleichen Zug wie die Armen reisen. Das Auto erinnerte an die Kutsche - der Fahrer saß im Freien, die Reichen in der Kabine.

## Das Auto setzt sich durch

Der erste Automobilclub (1899) forderte sichere Fahrten durch Verkehrsregeln, die dem Autoverkehr angepasst wurden und gut ausgebaute Straßen.

Durch den technischen Fortschritt gab es immer mehr zuverlässige Autos, mit denen auch Frauen fahren konnten.

## Das Auto- ein Massenverkehrsmittel

-seit 40 Jahren das wichtigste Verkehrsmittel

-BRD: Straßennetz 100. 000 km

-Jährlich kommen 1.000.000 neue Autos dazu (2010 – 50 Mo. Insg.)

-alle Autos hintereinander 225.000km/ Erde – Mond  300.000km

Es gehört natürlich zu solchen Heftseiten auch dazu, dass die Schüler die dargestellten Punkte mit Inhalt füllen können. Das trifft besonders für die Seite „War die DDR eine Scheindemokratie" zu!

Eine Einführung in die Gruppenarbeit am Anfang des Jahres ist ebenso wichtig, da bestimmte Regeln und Vorgehensweisen wieder neu eingeübt werden müssen. Am Schuljahresbeginn werden ja immer auch die Gruppen neu zusammengesellt.

Die Schüler durften sich regelmäßig mit einem kleinen, interessanten Projekt in die Gruppenarbeit ab der 9. Klasse einarbeiten.

Thema:  **Das fliegende Ei**

**Arbeitsaufträge**

-jede Gruppe bekommt ein rohes Ei

-In 60 Minuten muss das Ei vom 2. Stock des Schulhauses im Treppenhaus

  bis in den Keller „geworfen" werden

-das Ei darf nicht brechen

-du darfst nur Hilfsmittel verwenden, die im Klassenzimmer vorhanden sind

Nun begann eine intensive Gruppendiskussion, Optionen wurden aufgestellt und oft wieder verworfen. Alle in der Gruppe bemühten sich eifrig das Problem zu lösen. Zeichnungen wurden angefertigt und Material gesammelt, und nach der Einigung in der Gruppe begann man zu bauen. Es kam nie vor, dass eine Gruppe die Konstruktion für das fliegende Ei von einer anderen Gruppe kopierte. Die Schüler hatten sichtlich Spaß an der Arbeit. Fast immer hielten sich die Gruppen an den vorgegebenen zeitlichen Rahmen. Wunderbare Ideen kreierten die/ Schüler*innen und mit höchster Spannung wurde der „Eierflug" erwartet. Im Treppenhaus konnte man nun den Flug genau beobachten. Erstaunlicherweise überlebten fast immer alle Eier den „freien Fall" in den Keller. Im Anschluss gab es noch einen regen Austausch der Gruppen über die Bauart, über Schwierigkeiten und darüber, wie man es noch besser und sicherer gestalten könnte. Für die zukünftigen Gruppenarbeiten war dies ein wichtiger, erfolgversprechender Einstieg.

### 4.4.4 Eigenverantwortliche Lernplanung mit WOOP

Ein weiterer Punkt zum selbstständigen, eigenverantwortlichen Lernen ist auch, dass man über das was man tut, genau reflektiert. Was mache ich? Warum mache ich das? Wie komme ich zu einem Ziel oder Ergebnis? Was bekomme ich durch meine Anstrengungen zurück? Wo können Schwierigkeiten auftreten, die eventuell verhindern, dass ich das Ziel erreiche?

Diese neue Mentalstrategie wird in der „WOOP" - Methode verwirklicht. „WOOP ist eine Methode, mit der du deine Wünsche leichter erreichen kannst. Das Besondere der Methode:   WOOP nutzt die Funktionsweise unseres Gehirns optimal. WOOP ist wissenschaftlich gründlich erforscht und zig-fach mit Erfolg getestet." (Gabriele Öttinger/www.zeitzuleben.de)

Die Abkürzung **WOOP** bedeutet: **W**ish(Wunsch), **O**utcome(Ergebnis), **O**bstacle (Hindernis), **P**lan.

Nach Gabriele Öttinger funktioniert WOOP in vier Schritten.

1. Einen Wunsch identifizieren!
2. Überlegen, was wäre, wenn der Wunsch in Erfüllung ginge?
3. Welche Hindernisse können auftauchen?
4. Einen Wenn-Dann-Plan aufstellen!

„Ohne dass wir es merken, wird die Zukunft mit den Hindernissen verbunden und das Hindernis mit dem Verhalten zur Überwindung des Hindernisses. Diese Prozesse sind nicht bewusst und steuern dann das Verhalten. WOOP helfe auch, im eigenen Umfeld Hindernisse zu erkennen, wiederum ohne, dass wir das merken. Es funktioniert am besten mit Wünschen, die einem wirklich am Herzen liegen, für die man brennt."

(Gabriele Öttinger , www.impulse.de 14.01.2019)

Wie kann man dies nun mit den Schülern umsetzen?

Man stellt zunächst einmal die Methode den Schülern vor und motiviert sie, diese Methode auch anzuwenden. Auch der Lehrer sollte sich als Vorbild zeigen und ebenfalls mit dieser Methode arbeiten. Wichtig ist auch, dass man die vier Schritte in der vorgegebenen Reihenfolge absolviert. Wir haben uns also in der Klasse überlegt, welche Wünsche, Ziele wir in der Schule anstreben. Folgende Wünsche wurden thematisiert: Eine gute Note in der nächsten Matheprobe/Deutschprobe – dass alle den Abschluss schaffen – uns immer gegenseitig helfen und unterstützen. Das waren realistische Ziele, die man auch erreichen kann. Wir hielten sie schriftlich fest.

Im zweiten Schritt haben wir uns vorgestellt, wie wir uns fühlen werden, wenn wir unser Ziel erreicht haben. Hier wurde folgendes notiert: Freude über die bestandene Prüfung – ausgelassen feiern – die Eltern sind stolz auf uns – wir können in unseren Wunschberuf einsteigen – wir haben es alle geschafft – unser/unsere Lehrer*in ist begeistert. Erstaunlicherweise stand ein Wunsch an erster Stelle, -- wir schaffen es alle --. Dies stand dann über die ganze Zeit groß an der Seitentafel. Das war auch ein Indiz für den sehr guten Zusammenhalt in der Klasse. Im nächsten Schritt versuchten wir Hindernisse bzw. Probleme auszumachen, die unsere Ziele gefährden könnten. Dabei beschränkten wir uns auf innere Hindernisse und Probleme, die in der Klasse auftreten könnten: -keine Lust sich auf eine Probe vorzubereiten - zu wenig für die Prüfung lernen- die Freunde fordern zu viel Zeit- das Hobby verhindert die Vorbereitung auf die Prüfung - ich verstehe etwas nicht und ignoriere es - Streit in der Klasse. Diese Situationen wurden ganz intensiv besprochen und wir versetzten uns in die Situation mit dem jeweiligen Problem und notierten wieder diese Hindernisse.

Im letzten Schritt stellten wir einen Wenn-Dann-Plan auf. Das bedeutete, dass wir nach folgender Strategie vorgingen. **Wenn** dieses Problem auftritt, **dann** werde ich es so überwinden. Dabei wurden Handlungen oder Gedanken formuliert. Beispiel: Hindernis - die Freunde erfordern zu viel Zeit - Lösung: einen Zeitplan aufstellen, die Zeit mit den Freunden bis zur Prüfung reduzieren. Beispiel: - zu wenig für die Prüfung lernen - Lösung: Jeden Tag eine feste Lernzeit einplanen/ den Fernsehkonsum und die Zeit am Handy verringern/den Lernfortschritt positiv erkennen. Auf diese Art versuchte jeder einzelne seine Hindernisse in der „Wenn-Dann Beziehung" vorweg aus dem Weg zu räumen.

### 4.4.5 Selbstständiges und eigenverantwortliches Lernen mit dem System

**„Was muss ich können"**

Ein wichtiger Baustein, um in Mathematik aber auch in anderen Fächern mehr Nachhaltigkeit zu erreichen ist das System „Was muss ich können". Auf diese Idee kam ich, als im Herbst ein Schüler der 10. Klasse mehrere Monate krank war und nach dieser Zeit natürlich Lücken im Lernstoff hatte. Wie kann man erreichen, dass er diese Lücke so nebenbei wieder schließen kann? Das beschäftigte mich einige Tage, bis ich schließlich auf eine uralte, aber noch immer gängige Praxis im Englischunterricht kam, nämlich das Lernen von Vokabeln im Vokabelheft. Auf der linken Seite stehen die Wörter in Deutsch und rechts stehen dazu die englischen Vokabeln. Die rechte Seite wird abgedeckt und dient dann zur Kontrolle, ob das Wort auch richtig wiedergegeben wurde. Der Lerneffekt wird dabei größer, wenn man das gesuchte Wort nicht nur spricht, sondern auch niederschreibt. (Lernen mit allen Sinnen). Ich habe also dann versucht das Ganze System für den Mathematikunterricht umzusetzen. Auf die linken Seite eines Blattes stellte ich dann sogenannte Grundaufgaben, die aus einer bestimmten Lerneinheit stammten, mit einfachem und mittlerem Schwierigkeitsgrad dar und auf der rechten Seite, optisch abgetrennt durch einen Strich, stand dann die Lösung, oder auch nur der Lösungsansatz. So konnte man nun Mathe nachlernen, wiederholen und einüben. Das alles erfordert aber vom Schüler eine selbstständige und eigenverantwortliche Arbeitsweise. Bei dem oben genannten Schüler gelang das Nachlernen überaus gut und veranlasste mich dann natürlich allen Schülern diese Methode an die Hand zu geben. Nach und nach stellte ich auch die folgenden Lerneinheiten bis zur Prüfung in dieses System, so dass ein Lernprogramm für den gesamten Jahresstoff entstanden ist. Die Schüler wurden in das System eingeführt und konnten nun selbstständig und eigenverantwortlich wichtige Teile nachlernen oder wiederholen und üben.


Im Folgenden wird das System „Was muss ich können" dargestellt.

Es enthält die Grundaufgaben des gesamten Lernstoffes der M 10 – Klassen der Mittelschule in Bayern.

| | |
|---|---|
| 1   Normalform der Geraden | $y = mx + b$ |
| 2   Zeichne die Gerade: $y = -2x + 1$ | wenn $x=0$ dann ist $y = 1$   ( 0 / 1 )<br><br>$X=1$     $y=-1$   ( 1/ -1)<br><br>Punkte einzeichnen und verbinden! |
| 3   Zeichne die Gerade   $m=2$    $b=2$ | 2= y-Achsenabschnitt / einzeichnen<br><br>dann das Steigungsdreieck |
| 4.   g1: $y= 2x-4$ / senkrechte Gerade g2 geht<br><br>     durch den Punkt P (2/0) | $m=$ negativer Kehrwert $2 \rightarrow -\frac{1}{2}$<br><br>P einsetzen in $y=-\frac{1}{2}x +b$   $0=-\frac{1}{2}\cdot 2 + t$ |
| 4.   Liegt der Punkt (-1 /2) auf der Geraden<br><br>   $Y = 3x + 3$ ? | (-1 / 2) den x- und y-Wert in die<br><br>Gerade einsetzen!<br><br>$2 = 3 \cdot -1 +3$     $2 = 0$    nein |
| 5.   Mit zwei Punkten eine Gerade rechnerisch<br><br>    ermitteln:   A (3/2)   B (1/-2) | $m= \dfrac{y_2 - y_1}{x_2 - x_1}$     $y = mx +b$<br><br>                    $y = 2x -4$<br><br>dann m und einen Punkt einsetzen |
| 6.   Nullstelle mit der x-Achse<br><br>   $Y = 2x - 4$ | dann ist $y = 0$     $0 = 2x -4$   $4 = 2x$<br><br>$2 = x$    Nullstelle = (2/0) |
| 7.   g1: $y = 2x - 4$ parallele Gerade g2 durch<br><br>     den Punkt (-1/1) | gleiche Steigung/den Punkt dazu ein-<br><br>einsetzen:   $1 = 2\cdot -1 +b$    $b=3$<br>$y = 2x + 3$ |
| 8.   Schnittpunkt zweier Geraden<br>    $y = 2x - 4$      $y = -0,5x +1$ | $y = y$   gleichsetzen    S (2 / 0)<br>$2x-4 = -0,5x +1$ |
| 9   Gerade an der Y-Achse spiegeln bzw.<br>    $y = -0,5x +2$ | Gerade zeichnen/ gleiche Steigung<br><br>gleiches Gefälle:   $y = 0.5x +2$ |

| | |
|---|---|
| **10.** Löse das Gleichungssystem!<br><br>    I)   2x + 3y = 40<br><br>    II)  3y - 2x = 20 | I) x = (20 − 1,5y)<br>           ↓     einsetzen!<br>II) 3y − 2x = 20      (5/10) |
| **11.** Ein Hotel hat Doppelzimmer, Dreibettzimmer<br>    und zwei Vierbettzimmer. Das Haus verfügt<br>    über 14 Zimmer mit 36 Betten!<br>    Doppelzimmer ?    Dreibettzimmer ? | DZ = x         DrZ =y<br><br>I) x + y + 2 = 14<br>II) 2x +3y +2·4 = 36    ( 8 / 4) |
| **12.** Irmgards Opa ist heute fünfmal so alt wie<br>    Irmgard. Vor 5 Jahren war er siebenmal so alt.<br>    Opa = x    Irmgard = y | I)  x = 5 y<br>II)  x − 5   = 7( y − 5 )<br>          (75 / 15) |
| **13.** In einem gleichschenkeligen Dreieck ist ein<br>    Basiswinkel zweieinhalbmal so groß wie der<br>    Winkel an der Spitze. Wie groß sind die Winkel? | I) 2x + y = 180<br>II) x = 2,5y     |
| **14** Verkürzt man die eine Seite eines Rechtecks um<br>    3cm und verlängert die andere Seite um 2cm, so<br>    verringert sich der Flächeninhalt um $5cm^2$.<br>    Verlängert man die erste Seite um 2cm und auch<br>    die zweite um 2cm, so vergrößert sich der<br>    Flächeninhalt um $30cm^2$. |   b<br>       a<br>I) (a-3) · (b+2) = ab - 5<br>II) (a+2)·(b+2) = ab + 30<br>erst beide Gleichungen vereinfachen!<br>      (8/5) |
| **15.** Die Quersumme einer zweistelligen Zahl ist 11. | x + y = 11<br>  6 + 5 = 11  ⟶  65 |
| **16.** Die Summe/ der Wert einer zweistelligen Zahl! | 10x + y<br>10 · 6 + 5 = 65 |
| **17.** Eine zweistellige Zahl wird um 36 kleiner wenn<br>    man Ihre Ziffern vertauscht. Die Zehnerziffer<br>    ist dreimal so groß wie ihre Einerziffer. | ZZ =x    EZ = y<br>I) 10x + y = 10y + x +36<br>II)  x = 3y  ( 6 2) |

| | |
|---|---|
| 18. In einem Skikurs gehen 2 Schüler vom A- in den F-Kurs, dann sind beide Kurse gleich groß. Wären 2 Schüler vom F-Kurs in den A-Kurs gewechselt, dann wären dort doppelt so viele Schüler. | I)   $A - 2 = F + 2$<br>II)  $A + 2 = 2(F - 2)$<br>    (14/10) |
| 19. Ein Kino verkauft 180 Karten zu 1500€, wobei für den ersten Rang doppelt so viele Karten verkauft werden als für den 2. Rang.<br>Preise: Rang 1 / 12€   2/6€   3/5€ (3 Ränge) | Rang 1=2x, Rang2 =x  Rang 3= y<br>I) $2x + x + y = 180$<br>II) $2x \cdot 12 + x \cdot 6 + y \cdot 5 = 1500€$<br>    (40/60) |
| 20. Potenzgesetze<br>$\quad x^2 \cdot x^3 =$<br>$\quad x^4 \cdot x^{-2} =$ | $x^{2+3} = x^5$<br>$x^{4+(-2)} = x^2$ |
| 21.  $x^4 : x^3 =$<br>$\quad\; x^4 : x^{-2} =$ | $x^{4-3} = x^1$<br>$x^{4-(-2)} = x^6$ |
| 22.  $(x^2)^3 =$<br>$\quad\; (x^{-2})^3 =$ | $x^6$<br>$x^{-6}$ |
| 23.  $x^{-2} = \quad / \quad x^{-5} =$ | $\dfrac{1}{x^2} \quad / \quad \dfrac{1}{x^5}$ |
| 24.  $\sqrt[2]{4^1} = \quad / \quad \sqrt[4]{3^2} =$ | $4^{\frac{1}{2}} \quad / \quad 3^{\frac{2}{4}} = 3^{\frac{1}{2}}$ |
| 25.  $\sqrt[3]{x} \cdot \sqrt[3]{x} =$ | $x^{\frac{1}{3}} \cdot x^{\frac{1}{3}} = x^{\frac{2}{3}}$ |
| 26.  $\sqrt[2]{x} : x^{-2} =$ | $x^{\frac{1}{2}} : x^{-2} = x^{2,5}$ |
| 27.  $2(x^{\frac{1}{2}})^4 - \dfrac{x^8}{x^7} =$ | $2x^2 - x$ |
| 28.  $\dfrac{14x^7 \cdot 35y^{12} \cdot 15x^3}{7y^{10} \cdot 5x^8} =$ | $\dfrac{210\; y^{12}\; x^{10}}{y^{10}\; x^8} = 210\, x^2 y^2$ |
| 29.  $\dfrac{25a \cdot 30b^6}{15a^4 \cdot 5b^4} =$ | $= 10\, a^{-3} b^2$ |

| | |
|---|---|
| 30. $(\sqrt[3]{125})^2 =$  /  $\sqrt[2]{\sqrt[2]{16}} =$ | $= \sqrt[3]{(125)^2}$  /  $= \sqrt[4]{16}$ |
| 31. $\sqrt[2]{9} \cdot \sqrt[2]{25}$  /  $\sqrt[2]{25} : \sqrt[2]{9} =$ | $= \sqrt[2]{9 \cdot 25}$  /  $= \sqrt[2]{25 : 9}$ |

- 4 -

| | |
|---|---|
| 32. Eine Stadt hatte vor sieben Jahren 20000 EW. Die Einwohnerzahl stieg jährlich um 2,5% | $W_0 \cdot q^n = W_n$  <br> 20000 x $1,025^7$ = 23774 |
| 33. Von 2007 (12400 EW) bis 2010 verringerten sich die EW um jährlich 1,5% | $12400 \cdot 0,985^3$ = 11850 |
| 34. Eine Stadt hat heute 18062 EW. In den letzten fünf Jahren stieg die EW-Zahl jährlich um 2,2% | $W_0 \cdot 1.022^5$ = 18062 <br> $W_0$ $= 18062 : 1,022^5$ <br> $= 16200$ |
| 35. In wie vielen Jahren steigt ein Kapital von 3000 € bei 3,5 % auf 3950 € ? | $3000 \cdot 1,035^x$ = 3950 <br> $1,035^x = 3950 : 3000 = 1,316$ <br> Log 1,316 : Log 1,035 = 8 |
| 36. Eine Bakterienkultur ( momentan 20 Bakterien) vermehrt sich jede halbe Stunde um 12 %. Bakterien nach 8 Stunden ? | $20 \cdot 1,12^{16}$ = 122 <br> 8h : 0,5h = 16 |
| 37. $(2x + 3)^2$ | $4x^2$ + 12x +9 |
| 38. $(a - 3b)^2$ | $a^2$ - 6ab + 9$b^2$ |
| 39. $(a + b) \cdot (a - b)$ | $a^2$ - $b^2$ |
| 40. $9x^2$ + _____ + $16y^2$ | $(3x + 4y)^2$ <br> 24xy |
| 41. Quadratische Ergänzung <br> $x^2$ + 6x _____ | addiere das Quadrat der halben Vorzahl von x <br> $x^2$ + 6x + $3^2$ = $(x + 3)^2$ |

| | |
|---|---|
| 42. $y = x^2 + 3$     Scheitelpunkt ? | S ( 0 / 3 ) <br> nur auf der y-Achse ! |
| 43. $y = ( x + 2 )^2$     Scheitelpunkt ? | S ( -2 / 0 ) <br> nur auch der x –Achse |
| 44. $y = ( x - 3 )^2 - 2$     Scheitelpunkt ? | S ( 3 /-2 ) |
| 45.   $y = x^2 - 4x + 2$ <br><br> Scheitelpunktform und Scheitelpunkt ? | quadratisch ergänzen mit dem Quadrat der halben Vor- zahl von x <br> $Y = x^2 - 4x + 2^2 + 2 - 4$ <br> $Y = ( x - 2 )^2 - 2$   S ( 2 / -2) |
| 46.   Scheitelpunkt ( -2 / 3 ) <br> Scheitelpunktform ?   Normalform ? | $y = ( x + 2 )^2 + 3$ <br> $Y = ( x^2 + 4x + 4) + 3$ <br> $Y = x^2 + 4x + 7$ |
| 47. Nullstellen der Parabel mit der x- Achse <br> = Lösung der Gleichung ! <br> $Y = x^2 + 2x - 3$ | $y = 0 \longrightarrow x^2 + 2x - 3 = 0$ <br> Formel: $x_{1/2} = -\frac{p}{2} \pm \sqrt[2]{(\frac{p}{2})^2 - q}$ <br> $X1/2 = -1 \pm \sqrt[2]{1 + 3}$ <br> $x_1 = -1 + 2 = 1$ <br> $x_2 = -1 - 2 = -3$ |
| 48. Nullstelle mit der Y-Achse <br> $Y = x^2 - 2x + 3$ | dann: x = 0 <br> $y = +3$     (0/3) |
| 49. P ( 0/2 )    Q (2 / -2) Parabel aufstellen <br><br> nach oben geöffnet ! | (0/2)       (2 / -2 ) <br> Ebenso! <br> $y = x^2 + px + q$ <br> zwei Gleichungen/gleichsetzen <br> $y = x^2 - 4x + 2$ |
| 50. P ( 2/3)     Q (4 / 3) Parabel aufstellen <br> nach unten geöffnet ! <br><br> zwei Gleichungen/gleichsetzen | ( 2/3 )     ( 4/3 ) <br> beide Punkte nacheinander einsetzen! <br> $y = -( x^2 ) + px + q$ <br><br> $y = - x^2 + 6x - 5$ |

| 51. Schnittpunkt Parabel / Parabel<br><br>$Y = x^2 - 5x + 5,25$    $y = -x^2 + 3x - 2,2$ | gleichsetzen!<br><br>$x^2 - 5x + 5,25 = -x^2 + 3x - 2,25$<br>$2x^2 - 8x + 7,5 = 0$ / : 2<br>$x^2 - 4x + 3,75 = 0$ / Formel<br>dann x-Werte in eine Ausgangs-<br>Gleichung einsetzen ! |
|---|---|
| 52. Schnittpunkt Parabel / Parabel<br><br>$y = x^2 + 6x + 10$    $y = x^2 - 4x$ | $x^2 + 6x + 10 = x^2 - 4x$  / $- x^2$<br>$6x + 10 = -4x$    x=-1<br><br>x-Wert einsetzen  y = 1 +4= 5<br><br>S  ( -1/ 5 ) |
| 53. Bruchgleichungen / Definitionsbereich<br><br>$\dfrac{x - 4}{x + 8} = \dfrac{2}{x}$ | D= IR \ {-8; 0 }<br><br>$x^2 - 6x - 16 = 0$<br><br>£ ( 8, -2) |
| 54.    $\dfrac{2}{x + 7} = \dfrac{4}{x^2 + 15}$ | D = IR \ {-7 }<br><br>£ ( 1 ) |
| 55. Volumen der Kugel<br><br>r  = 5cm | $V_{Ku} = \dfrac{4}{3} \cdot r^3 \cdot \pi$<br><br>= 523,33 $cm^3$ |
| 56. Oberfläche der Kugel<br><br>r  = 5cm | $O_{Ku} = 4 \cdot r^2 \cdot \pi$<br><br>= 314 $cm^2$ |
| 57.    $V_{Ku} = 904,32$ $cm^3$<br><br>r  = ? | r = 6 cm |
| 58.    $O_{Ku} = 803,84$ $cm^2$<br><br>r  = ? | r  = 8 cm |
| 59. Kugeloberfläche = 452,16 $cm^2$<br><br>Volumen ( innen) = 267,95 $cm^3$ | Wandstärke ? =  2 cm |

| | |
|---|---|
| 60 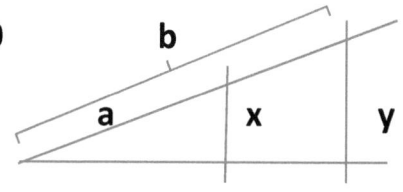  a : x = <br><br> y : x = | a : x = b : y <br><br> y : x = b : a |
| 61. 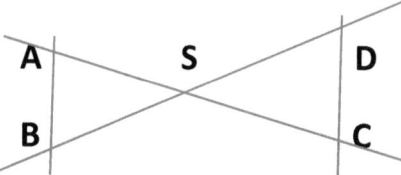 AS : BS = <br><br> CS : AS = | AS : BS = CS : DS <br><br> CS : AS = DS : BS |
| 62. Um ein Blumenbeet führt ein Weg. <br><br> Das gesamte Grundstück hat $1200 m^2$ , davon <br><br> entfallen 22% auf den Weg. Wegbreite ? <br><br> 30m  <br> 40m | $1200 \cdot 0,22 = 264 \, m^2$ <br><br> $40 \, x \cdot 2 + 30 \, x \cdot 2 - 4x^2 = 264$ <br><br> oder <br><br> $40x \cdot 2 + (30 - 2x) \, x \cdot 2 = 264$ <br><br> x = 2 |
| 63. Stelle den Kathetensatz mit eignen Worten <br><br> dar! | 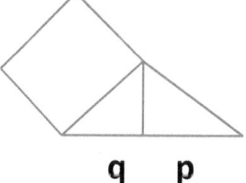 <br> q    p |
| 64. Stelle den Höhensatz mit eigenen Worten dar! | 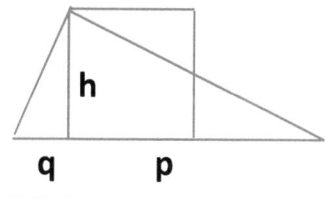 <br> q        p |
| 65. Berechne  x  und   die Dreiecksfläche ! <br><br> 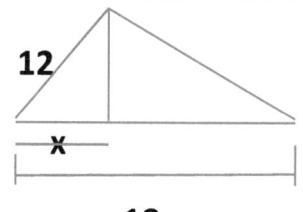 <br> 18 | $12^2 = x \cdot 18$      x = 8 <br><br> $12^2 - 8^2 = h$      h = 8,94 <br><br> $A = 80,46 \; cm^2$ |

| | |
|---|---|
| **66.** Berechne p und q!  q = 2x  p = 3x | $12^2 = p \cdot c$  / c = p + q |
| 12  q    p | $12^2 = 2x \cdot 5x$  x = 3,79 |
| | $144 = 10x^2$ |

| | |
|---|---|
| **67.**  sin \| cos \| tan \| cot  Vervollständige! | |
| | G   A   G   A |
| | ———————— |
| | H   H   A   G |

| | |
|---|---|
| **68.** Berechne die Seite c ! | sin 42 = 6 : c |
| 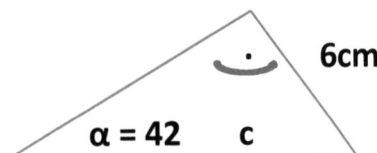 6cm  α = 42  c | c = 6 : sin 42 = 8,96 cm |

| | |
|---|---|
| **69.** Berechne die schraffierte Fläche ! | x mit Pythagoras!  x=6,24 |
| -großes Dreieck minus | 6,24 : 5 = AC : 10   AC = 12,48 |
| kleines   x   5   C  10 | $\dfrac{12.48 \quad 10}{2} - \dfrac{6,24 \quad 5}{2} = 46,8$ |
| A ——— 8 ——— B | |

| | |
|---|---|
| **70.** Dreieck ABC ( $27 cm^2$ ) wird gestreckt zum | $243 = 27 \cdot k^2$ |
| Dreieck $A'B'C'$ ( $243\ cm^2$ ) Streckungsfaktor ? | k = 3 |

| | |
|---|---|
| **71.** In einem Topf sind 2 rote, 3 blaue und 4 grüne | ⌜ 2r 3b 4g ⌝ |
| Kugeln.  – Zeichne ein Baumdiagramm | $\frac{2}{9}$    $\frac{3}{9}$    $\frac{4}{9}$ |
| -zwei Züge   -Kugeln werden nicht zurückgelegt | r      b      g |
| E1: zwei blaue Kugeln   E2: rot - blau | r b g   r b g   r b g |
| E3: keine rote Kugel | |
| E3: $\frac{3}{9} \cdot \frac{2}{8} + \frac{3}{9} \cdot \frac{4}{8} + \frac{4}{9} \cdot \frac{3}{8} + \frac{4}{9} \cdot \frac{3}{8}$   $\frac{42}{72}$ = 0,58 = 58% | E1 $\frac{3}{9} \cdot \frac{2}{8} = \frac{6}{52}$  E2 $\frac{2}{9} \cdot \frac{3}{8} = \frac{6}{72}$ |

| | |
|---|---|
| **72. Aufstellungsmöglichkeiten bei 6 Staffel-Läufern? Mit welcher Wahrscheinlichkeit ist man weder Start- noch Schlussläufer ?** | $1 \cdot 2 \cdot 3 \cdot 4 \cdot 5 \cdot 6 = 720$<br><br>4 von 6   $\frac{4}{6} = 0\,66 = 66\%$ |
| **73. Lottospielen**<br><br>**6   aus   36**<br>**Die Reihenfolge wird dabei nicht berück** | $\dfrac{36 \cdot 35 \cdot 34 \cdot 33 \cdot 32 \cdot 31}{1 \cdot 2 \cdot 3 \cdot 4 \cdot 5 \cdot 6} =$ |
| **74. Ein Würfel wird dreimal geworfen. Mit welcher Wahrscheinlichkeit würfelt man drei Sechser in Serie?** | $\dfrac{1}{6} \cdot \dfrac{1}{6} \cdot \dfrac{1}{6} = \dfrac{1}{216}$ |
| **74. Zahlenkombinationen einer 4-stelligen Nummer** | $10 \cdot 10 \cdot 10 \cdot 10 = 10000$ |

Das System „Was muss ich können" stellte auch eine gute Grundlage für die Vorbereitung auf Probearbeiten dar. Durch die vielen Wiederholungen werden die Lerneinheiten als sicheres Wissen gespeichert. Es führte auch dazu, dass die Schüler selten eine Formelsammlung benutzen mussten oder fundamentale Probleme mit einem Aufgabentyp hatten.

### 4.4.6 Hausaufgaben eigenverantwortlich erledigen und vorstellen

Ein wichtiger Punkt in der gesamten Lernstrategie ist auch das Wiederholen und Einüben von Lerninhalten durch die Hausaufgabe. Hier lernen die Schüler selbstständig und eigenverantwortlich, wie man neue Erkenntnisse vertieft und einübt. Es ist aber auch wichtig, dass die Schüler ihre Arbeiten von zuhause in der Schule vorstellen können und dass sie bewertet werden. Die Diskussion über neue Lösungswege, die gefunden wurden, bereichert den Unterricht und erhöht den Lernerfolg. Auch falsche Lösungen haben hier ihren Nutzen. Denkfehler werden festgestellt und man lernt aus diesen

Fehlern. Immer wenn die Schüler erkannten, welche wichtige Funktion die Hausaufgaben haben, war es nicht mehr nötig, dass ich von jedem einzelnen Schüler die Aufgaben kontrollieren musste. Es war selbstverständlich, Hausaufgaben vollständig und ordentlich zu erledigen.

Die Hausaufgabenkontrolle lief folgendermaßen ab. Die Aufgaben wurden unter die Dokumentenkamera gelegt und alle Schüler konnten nun die Rechenwege und die Ergebnisse überprüfen. Es kam immer ein anderer Schüler an die Reihe, der sein Heft vorstellte. Er hatte natürlich auch die Aufgabe, seine Lösung zu erklären und nötige Fragen zu beantworten.

## 5. Problemlösungsstrategien

„Die Neugier steht immer an erster Stelle eines Problems, das gelöst werden will." (Galileo Galilei )

Leider läuft heute oft der Mathematikunterricht folgendermaßen ab: Hausaufgabenkontrolle---das ist eine Pyramide---mit diese Formel errechnet man das Volumen- Stillarbeit Buch Seite 43 Nr. 4 und 5.-Ergebniskontrolle-Hausaufgabe.

So sollte der Unterricht doch nicht mehr ablaufen. Es wird auf die Dauer langweilig, die Schüler arbeiten wenig selbstständig, die Erkenntnis wird vom Lehrer vorgegeben, kaum Einsicht in die Problematik und in die mathematischen Zusammenhänge, kein Erfolgserlebnis und die ganze Thematik wird trotz anschließender Übung bald wieder vergessen sein. Der Schüler muss Aufgaben und Strategien erhalten, um selbstständig Probleme lösen zu können. Es geht aber auch nicht in erster Linie um ein richtiges Ergebnis, sondern um eine intensive und nachhaltige Entwicklung von Problemlösungsstrategien.

Eine Möglichkeit ist die **Arbeit mit Arbeitsaufträgen,** die im Punkt 4.1.3 genau beschrieben wurden. Eine weitere Methode ergibt sich aus dem **„Dialogischen Prinzip"** nach Peter Gallin in „Weiterentwicklung des mathematisch-naturwissenschaftlichen Unterrichts" 2002 Seite 62ff. Hier werden geeignete Aufgaben dargeboten, die durch eine Reihe bestimmter Fragestellungen für die Schüler interessant sind.

Was fasziniert mich an diesem Problem?

Was ist der Witz, das Erstaunliche?

Wie kann ich den Kern des Problems treffen?

Wo kann ich experimentieren?

Wie kann ich die Lösung präsentieren?

Dazu eignen sich offene Aufgaben, Probleme aus der Erlebniswelt der Schüler*innen, Aufgaben, die ein besonderes Interesse wecken und Rechenprobleme, die zunächst als absurd erscheinen, z.B. Fermi Aufgaben.

**Auch eine schon ältere Problemstrategie** kann schon ein Fortschritt in der täglichen Unterrichtsarbeit darstellen. Man präsentiert eine ansprechende Aufgabe und formuliert dann folgende Fragen:

Was ist gegeben? (Zahlenwerte, wichtige Beschreibungen usw.)

Was möchte ich herausfinden, berechnen?

Wo kann ich meinen Lösungsweg beginnen?

Wie skizziere ich die Lösung?

## 5.1 Arbeit mit Lernumgebungen (komplexe, offene Aufgaben)

Beispiel: Hundertwasserturm in Abensberg

Der Hundertwasserturm, der in unmittelbarer

Nähe zum Schulzentrum steht, ist den Schülern

sehr vertraut. Er wird dann zum Mittelpunkt

einer länger dauernden und komplexen

Unterrichtseinheit.

Die Schüler erhalten am Anfang nur dieses Bild bzw. betrachten das Original und diskutieren dann über den Turm. Daraus ergeben sich sicher viele Fragen, die man sich über dieses Projekt stellen kann.

Mögliche Fragestellungen:

Vorgeschichte zum Turmbau

Was hat der Bau des Turmes gekostet?

Wie hoch ist der Turm?

Welches Volumen, welchen Durchmesser hat die goldene Kugel ganz oben?

Wie viele Stufen führen auf den Turm?

Wie viele Besucher besichtigen den Turm pro Jahr?

Wie hoch sind die Einnahmen?

Wie hoch sind die Ausgaben?

Wie viele Liter Farbe hat man zum Bemalen des Turms benötigt?

Welches Gewicht hat der Turm?

Wieviel Kilogramm Gold wurden beim Vergolden der Kuppel verwendet?

Welchen Wert hat der fertige Turm?

Der Plan war, dass der Turm doppelt so hoch werden sollte. Was würde sich dann ändern. (Umbauter Raum, Kosten, Grundfeste, Platzverbrauch .....)

Kann das Projekt rentabel sein?

Welchen Nutzen hat der Turm für die ganze Stadt?

Für all diese Fragen muss man sich jetzt bestimmte Lösungsstrategien erarbeiten. Die Schüler sammelten Informationen über den Turm. (Internet, direkt vom Erbauer). Dann wurden komplexe Lösungswege erarbeitet und der Klasse vorgestellt. Und wiederum ist es dabei nicht nötig, dass man exakte Berechnungen durchführt, sondern dass man einen plausiblen Weg findet, um ein bestimmtes Problem zu lösen. Deshalb dürfen die Ergebnisse einzelner Schüler bzw. Schülerteams verschieden ausfallen. Die Arbeit in Gruppen ist bei diesen Aufgaben besser, weil verschiedenartige Arbeiten an die einzelnen Gruppenmitglieder vergeben werden können. Hier wird auch klar, dass man nicht nur ein Rechenthema isoliert bearbeitet, sondern man muss verschiedene mathematische Verfahren verwenden, um zum einem Ziel zu kommen.

## 5.2 Fermi Aufgaben sind auf Problemlösungsstrategien angewiesen.

Bei diesen Aufgaben, die manchmal als absurd erscheinen, ist eine bestimmte Strategie notwendig. Die Schüler lernen damit auch Probleme anzugehen, die als unlösbar, ja oft als unsinnig wahrgenommen werden. Ein exaktes Ergebnis ist auch hier nicht notwendig. Der Schwerpunkt zielt darauf, einen plausiblen Weg zu finden, um auch eine solche Aufgabe zu lösen.

## Beispiel: Wie lange sind alle Haare aneinander gereiht, die uns in einer Mathestunde wachsen?

Mit verschiedenen Fragestellungen kann man auch bei dieser Aufgabe zu einem Lösungsweg und zu einer Lösung kommen.

Wie oft gehen wir zum Frisör?   --  alle 10 Wochen = ca. 80 Tage

Welche Länge schneidet der Frisör weg? ----z.B.  6cm

Wie viele Haare befinden sich auf einem Quadratzentimeter? --  z.B.  60

Wie groß ist der Haarbewuchs am Kopf?  --  Halbkugel/ Durchmesser

Wie viele Zentimeter Harre wachsen dann allen Klassenmitgliedern innerhalb von 80 Tagen nach?

Wie viele in einer Stunde?

Die Erfahrung hat gezeigt, dass diese Aufgaben besonders motivierend sind, oft lustig und dennoch zu mathematischen Denken anregen. Sie bringen auch eine wohltuende Abwechslung in die tägliche Unterrichtsarbeit.

### 5.3 Probleme lösen mit Strukturierung:

Als schwierig stellte sich immer in der 10. Klasse folgende Aufgabe dar:

„Aus zwei Punkten eine Parabelfunktion aufstellen." Auch wenn der Lösungsweg im Unterricht meistens funktionierte, so war es nach einigen Tagen wieder schwierig diesen Lösungsweg nachzuvollziehen. Das ganze Thema blieb immer problematisch und die Lösung war nicht einfach nachvollziehbar. Was also tun, damit alle Schüler diesen Weg verstehen und später wieder darauf zurückgreifen können. Da man ja auch mit dem Auge lernt und Farben und Hervorhebungen sich vorteilhaft auf das Behalten auswirken, habe ich in den Lösungsweg eine farbige Struktur eingebaut. Diesen Vorgang skizzierten die Schüler*innen im Merkheft. Ab diesem Zeitpunkt zeigte sich, dass alle den Sachverhalt besser verstanden haben und dann auch nachhaltiger verwenden konnten. Diese Pfeile wurden dann bei später gestellten Aufgaben verwendet und sogar auch in der Prüfung.

<u>Erstelle eine Parabelfunktion aus zwei Punkten</u>

Auf einer Parabel, die nach oben geöffnet ist, liegen die Punkte P( 4,3 ) und Q ( 3, 0 ). Stelle die Funktionsgleichung auf!

$$Y = x^2 + px + q$$

P ( 4 / 3 ) einsetzen        Q ( 3 / 0 ) einsetzen

1)   $3 = 4^2 + 4p + q$     2 ) $0 = 3^2 + 3p + q$

    <u>-13 - 4p</u>   = q        <u>-9 - 3p</u>    = q

q – Werte gleichsetzen

$$-13 \ -4p \ = \ -9 \ -3p$$

$$-4 \ = \ p$$

**Einsetzen in eine Ausgangsgleichung 1 oder 2**

$$0 \ = \ 9 \ + \ 3 \cdot \ -4 \ + \ q$$

$$3 \ = \ q$$

**Parabel :** $y \ = \ x^2 \ -4x \ + 3$

## 5.4 Problemlösungsstrategien im Geometrieunterricht

Den Schülern sollte auch im Geometrieunterricht nicht fertiges Wissen, wie z.B. eine Formel vermittelt werden, sondern er muss zu eigenständiger Tätigkeit gebracht werden. Er soll etwas entdecken und finden, Aussagen begründen und Situationen klar fassen. Dem/der Schüler*in wird also neben mathematischem Sachwissen auch mathematisches Denken vermittelt, das im Berufsleben ebenfalls sehr wichtig wird.

Die Schüler*innen sollen vor ein sachbezogenes oder geometrisches Problem gestellt werden. Dieses Problem ist dann forschend operativ und auch konstruktiv zu lösen. Wichtig ist eine exakte Verbalisierung. Bei der am Ende variabel erarbeiteten Erkenntnis/Formel wird dann ebenfalls die Umkehroperation durchgeführt. Damit die Formel für die Schüler einsichtig und nachhaltig erarbeitet wird, ist es erforderlich die Erkenntnis z.B. über die Flächenumwandlung zu gewinnen. Der Begriff des „entdeckenden Lernens" hat hier seine besondere Bedeutung. Die Schüler*innen sollen eine mögliche Lösung selbstständig finden und darstellen. Das geschieht, wenn sie vor ein reales Problem gestellt werden. Sie versuchen nun durch experimentelles Tun, auch durch „Versuch und Irrtum", durch Entwickeln von Vorstellung und durch Aufstellen von Lösungsstrategien das Problem zu lösen. Die Problemlösung erfolgt auf drei Ebenen:

1. Effektives Operieren

   Die Schüler setzen sich mit dem Gegenstand, mit dem Problem konkret auseinander. Arbeitstechniken: Messen, schneiden, drehen, zusammenfügen, ergänzen, kleben….

2. Zeichnerisches Operieren (visualisieren)

   Alle Erkenntnisse aus dem effektiven Operieren werden nun zeichnerisch, so weit möglich nachvollzogen. Arbeitstechniken: Zeichnen mit dem Zirkel, mit dem Lineal, skizzieren, schraffieren, an- und ausmalen…..

3. Vorstelliges Operieren

   Die verinnerlichte Stufe hat sich vom konkreten Hantieren vollends gelöst und sucht in einer erweiterten, vertiefenden Arbeit Operationsbeziehungen zu durchleuchten und zu klären. Arbeitstechniken: Verbalisieren von Vorstellungen, aufstellen von Regeln, aufzeigen von Systemzusammenhängen,…..

Im folgenden Beispiel aus der 6. bzw. 7. Klasse soll der Weg beschrieben werden, wie man die Fläche eines Dreiecks berechnet. Die Schüler können bereits einfache geometrische Konstruktionen durchführen. Die Berechnung für die Fläche des Rechtecks ist bekannt.

Ausgangsproblem: Welche Fläche ist größer?

Die beiden Flächen werden beschrieben. Die Schüler suchen in Partnerarbeit, auch in Gruppenarbeit möglich, nach Lösungsstrategien. Da das Rechteck eine bekannte Form darstellt, die man auch berechnen kann, wird bei vielen Gruppen das Umwandeln des Dreiecks in ein Rechteck favorisiert. Die Einsicht, dass sich alle Flächen mit geraden Begrenzungslinien in ein Rechteck oder Quadrat umwandeln lassen, spielt dabei eine wichtige Rolle. Nun beginnen die konkreten Versuche durch Zerschneiden das gegebene Dreieck in ein Rechteck umzuwandeln. Folgende Möglichkeiten bieten sich an:

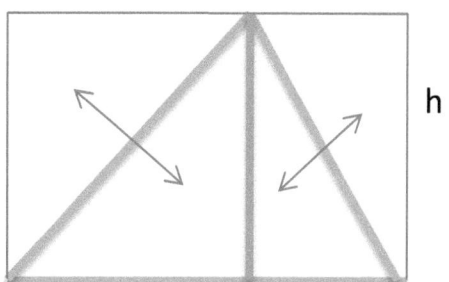

g

g

a) Drehung

$$A = g \cdot \frac{h}{2}$$

b) Ergänzung

$$A = \frac{g \cdot h}{2}$$

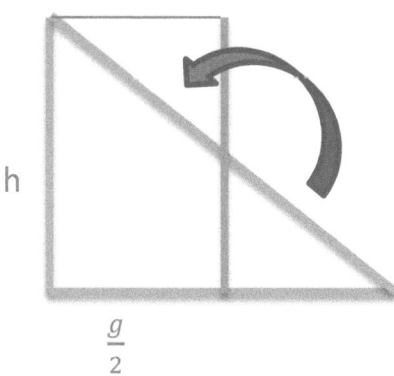

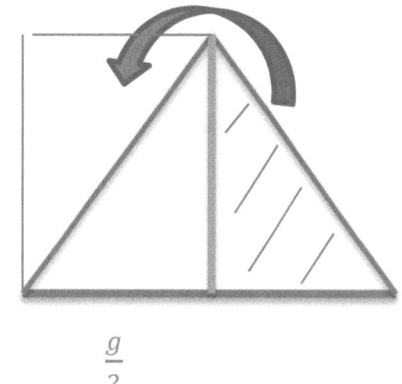

c) Drehung

$$A = \frac{g}{2} \cdot h$$

d) Drehung

$$A = \frac{g}{2} \cdot h$$

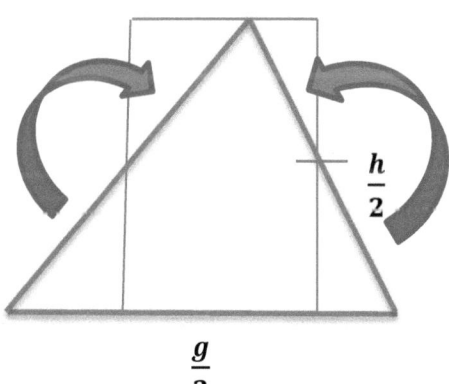

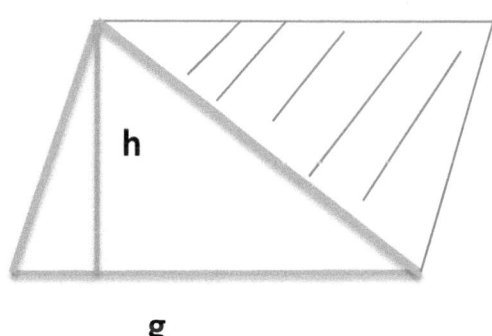

e) Drehung

$$A = \frac{g}{2} \cdot h$$

f) Ergänzung

$$A = \frac{g \cdot h}{2}$$

Die Erfahrung, dass sich jedes Dreieck durch das Drehen und Ergänzen in ein Rechteck oder Quadrat umwandeln lässt wird hier in verschiedenen Operationen klar. Man erkennt, dass die Fläche des Dreiecks von der Grundlinie und der Höhe abhängt. Durch das ausführliche konkrete

Operieren und anschließend durch das Zeichnen ist der Schritt zu einer wichtigen Erkenntnis nicht mehr schwer. Die Schüler formulieren mit eigenen Worten, wie man die Fläche eines Dreiecks berechnet. Beim Ausgangsproblem mit dem Rechteck und dem Dreieck sieht man nun, dass beide Flächen gleich groß sind. Der logische Zusammenhang besteht darin, dass beide Flächen die gleich große Grundseite haben und die Dreieckshöhe der doppelten Höhe des Rechteckes entspricht.

Zur Vertiefung, dass der Flächeninhalt von der Grundlinie und der Höhe abhängt, kann man dann folgende Konstruktion einsetzen.(die Dreiecke haben dieselbe Fläche)

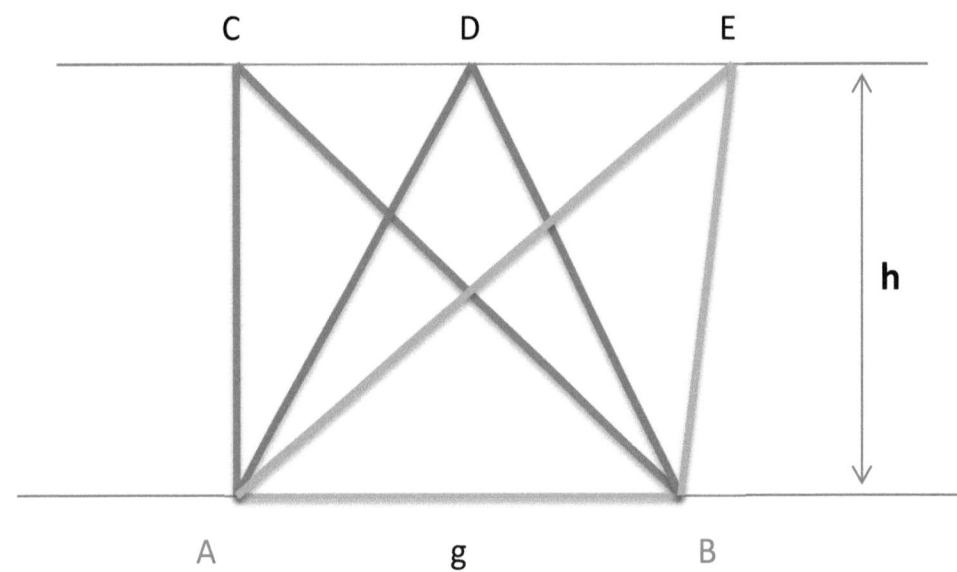

## 6. Neue Aufgabenkultur

Der moderne Mathematikunterricht, der herkömmliche Aufgaben und vorgegebene Lösungswege nicht mehr benutzen will, sondern das Lernen mit allen Sinnen in den Vordergrund stellt, lebt von neuen Aufgabentypen. Diese Aufgaben sollen gezielt dazu führen, dass ein selbständiges, eigenverantwortliches und kooperatives Lernen möglich ist. Selbstständige Informationsbeschaffung, die Entwicklung von Fragen zur Aufgabe und das Anwenden von neuen Lösungsstrategien in der Gruppe stehen hier im Vordergrund. Die mathematischen Probleme sollen Kompetenzen schulen aber auch interessant sein, die Neugierde wecken, möglichst aus dem Erfahrungsbereich der Schüler stammen und Spaß machen.

## 6.1 Offene Aufgaben

**Projektaufgabe, die man mit verschiedenen Fragen bearbeiten kann.**

Im Schwimmbad:

Fam. Braun will ins Schwimmbad gehen:

(Vater, Mutter, 2 Kinder, 1 Jugendlicher  )

|  | Erwachsene | Jugendliche | Kinder | Familie |
|---|---|---|---|---|
| 2 Stunden | 3,50 € | 2,50 € | 1,50 € | 5,50€ € |
| Halbtags /4h | 5,5 € | 3 € | 2,50€ | 7,50€ |
| Tageskarte /8h | 7,50 € | 4.50€ | 3 € | 12 € |

Hier kann man verschiedene Fragestellungen verwenden.

-Um wieviel ist eine Familienkarte günstiger als fünf Einzelkarten für die Fam.?

-Wie ändert sich der Eintrittspreis, wenn die Familie nur aus einem Kind und einem Jugendlichen besteht?

-Rentiert sich die Familienkarte bei einer Familie mit nur einem Kind?

-Welcher Preisunterschied besteht zwischen einer Halbtageskarte und einer Tageskarte für die ganze Familie?

-Welche Karte nimmt die Familie, wenn sie 5 Stunden bleiben will?

-Was spart eine Familie ( drei Kindern) mit einer Familienkarte?

-weitere Fragestellungen sind möglich.


Die Schüler müssen natürlich erst an offene Aufgaben herangeführt werden und lernen, durch Fragen bestimmte Antworten zu erhalten. Die Themen stammen aus einer konkreten Alltagssituation.

## 6.2 Offene Aufgaben in Bildformat

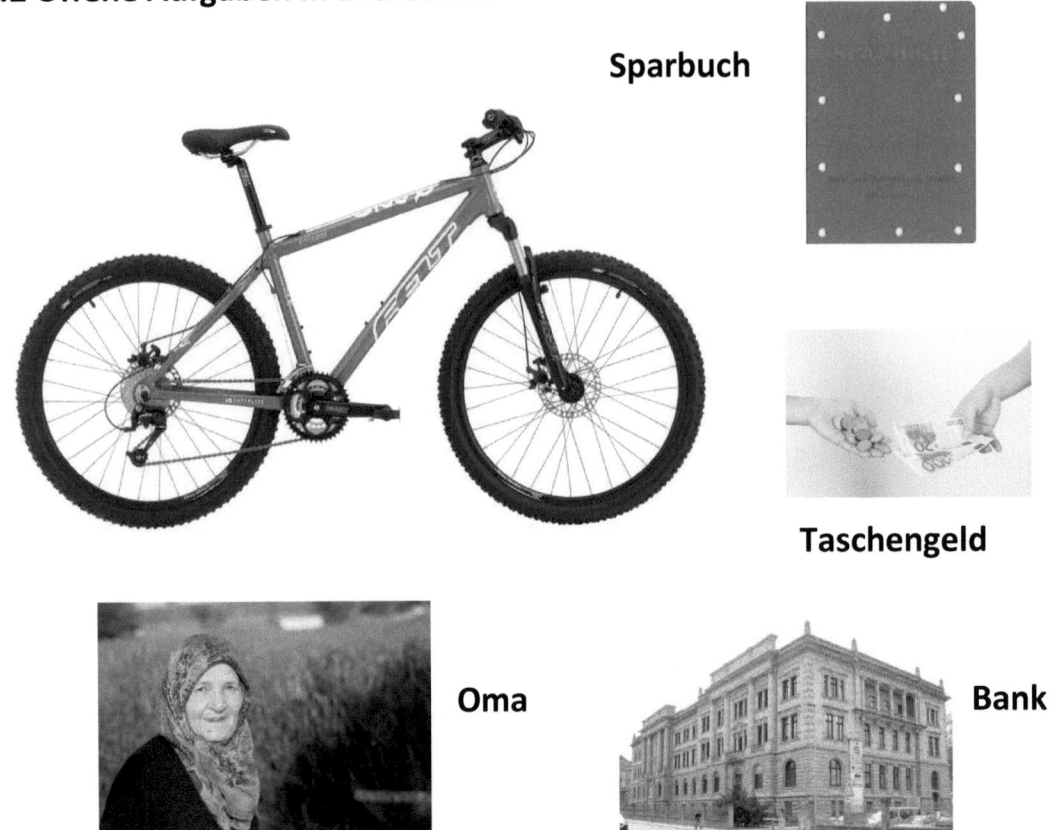

**Sparbuch**

**Taschengeld**

**Oma**

**Bank**

**AA:** Erfinde eine Sachaufgabe zu diesen Bildern

Auch hier ist es offen, welchen Sachverhalt die Schüler*innen zu diesen Bildern erfinden. Den Geschichten und verschiedenen Möglichkeiten sind hier keine Grenzen gesetzt.

## 6.3 Fehlerhafte Aufgaben

Auch fehlerhafte Aufgaben haben hier ihren Platz. Manchmal ist es dabei nicht nötig etwas zu berechnen. Man muss mathematisch argumentieren, beurteilen und Stellung beziehen. Die Probleme eignen sich für den Einstieg aber auch für die Übungsphase in Einzel- Partner- und Gruppenarbeit. Die Schüler arbeiten selbstständig und tauschen sich in der anschließenden Diskussion rege aus.

Beispiel:

Ein Fußball kostet mit Luftpumpe im Sonderangebot 58 €. Die Fußball kostet um 50 € mehr als die Luftpumpe. Was kostet nun die Luftpumpe?

Rechnung: Fußball 50 €, Luftpumpe 8 €

Kann das stimmen?

Maria kauft im Hofladen 2 kg Kartoffeln für 2,50€ und vier Eier. Sie bezahlt an der Kasse 3,11€. Auf dem Weg nach Hause bezweifelt sie die Richtigkeit der Rechnung. Erkläre!

## 6.4 Informationen weglassen

### Beispiel 1

Vor einiger Zeit durften die Schüler an unserer Schule ihr Klassenzimmer selber farblich gestalten. Wir hatten also folgende Situation:

Aufgabe: Drei Wände unseres Klassenzimmers werden gelb gestrichen, eine Wand grün, eine Fußbodenleiste soll rundherum angebracht werden.

Bei dieser Aufgabe müssen die Schüler erst selbst Informationen beschaffen und wichtige Dinge, wie die abzuziehenden Flächen von Fenster und Türen berücksichtigen. Dann stellen sich wichtige Fragen, die selbständig zu lösen sind:

-Wie sind die Maße in unserem Klassenzimmer?

-Wie viel Farbe brachen wir?

-Welche Fläche ist abzuziehen?

-Welche Länge muss die Fußbodenleiste haben?

-Wie hoch sind die Kosten?

-Welche Kübelgröße ist vorteilhaft?

-Welche Geräte und Hilfsmittel sind nötig?

Eine so dargestellte Aufgabe, die auch sehr lebensnahe Probleme beinhaltet, fordert von den Schülern ganz andere Lösungsstrategien als eine Aufgabe aus dem Schulbuch. Eigeninitiative, Zusammenarbeit der Schüler, Verteilung von Aufgaben in der Gruppe und sammeln von nötigen Informationen stehen hier im Vordergrund. Dann erst wird eine mathematische Lösung für die einzelnen Aufgaben gesucht. Die Motivation, der Spaß bei der Teamarbeit und die Freude über eine plausible Lösung bringt nicht nur Abwechslung in den täglichen Unterricht, sondern stärkt auch das Zusammenarbeiten in der Gruppe.

Eine Schulbuchaufgabe hätte so ausgesehen:

Ein Klassenzimmer Länge 12,20m, Breite 8,40, Höhe 2.80m soll mit Farbe gestrichen werden. 1Liter Farbe reicht für 3,6 $m^2$. Die Türe, 1.60m x 2,20m und die beiden Fenster, je 3.20m x 1,80m müssen ausgespart werden. Ein Liter Farbe kostet 2,65€. Wie teuer wird der Farbanstrich?

## 6.5 Variable Aufgaben

Diese Aufgaben können mit den verschiedensten Variationen durchgespielt werden. Neue Rechenprobleme werden dann auch selbständig gefunden.

**Würfelspiel:** Zwei Würfel werden gleichzeitig geworfen!

E1: Wahrscheinlichkeit,  2-mal die Eins

E2: Wahrscheinlichkeit,  2-mal die Sechs

E3: Wahrscheinlichkeit, zwei gleiche Zahlen (1,1 /  2,2 / 3,3/............)

E4: Wahrscheinlichkeit, 1-mal die Eins und 1-mal die Zwei

E5: Wahrscheinlichkeit bei zwei Würfen,  4-mal die Fünf

## Beispiel 2:  Glücksspiel

In einem Topf befinden sich 5 rote, 3 blaue und 2 weiße Kugeln. Es wird

zweimal gezogen, die Kugeln werden zurückgelegt.

a)Berechne die Wahrscheinlichkeit für folgende Ereignisse:

E 1 : zwei blaue Kugeln

E 2 : eine rote und eine weiße Kugel

E3 : keine blaue Kugel

E 4 : mindestens eine rote Kugel

Schrägrandtopf mit Rollrädchendekor

b) Wie ändert sich das Ergebnis, wenn ich nur 4 rote Kugeln habe?

c)Wie ändert sich das Ergebnis, wenn ich nur eine weiße Kugel habe?

d)Was passiert, wenn ich die gezogenen Kugeln nicht zurücklege?

e)Erfinde eine weitere Variation!

## Beispiel 3

Variationen:   $\frac{1}{2} \cdot 12 + (3 + 2)^2 - (8 - 4) = 27$

-Verändere das Ergebnis, indem du die eine Klammer an einer anderen Stelle setzt!

-Wie ändert sich das Ergebnis, wenn du eine Klammer wegnimmst?

-Verändere die Werte in der Klammer. Das Ergebnis soll aber gleich sein!

-Lass die Potenz weg, wie ändert sich dann das Ergebnis?

-Setze auch für die zweite Klammer eine Potenz!

-Verändere zwei Vorzeichen, wie ändert sich dann das Ergebnis?

-Erfinde eine Geschichte zur Aufgabe!

## 6.6 Aufgaben mit logischen Reihen

Logische Reihen bringen ein großes Maß an Einsicht, ohne dass der Sachverhalt lange erklärt werden muss. Alleine durch die Darstellung versteht man hier den mathematischen Zusammenhang. Zur Lösung ist es dann nur mehr ein kleiner Schritt. Auch die Nachhaltigkeit ist hier besonders gegeben, weil sich diese Reihen leicht einprägen und schnell wiederholt werden können.

$2x + 2 = 2x + 2$

$2x - 2 = 2x - 2$

$2x : 2 = x$

$2x \cdot 2 = 4x$

$2x + 2x = 4x$

$2x - 2x = 0$

$2x \cdot 2x = 4x^2$

$2x : 2x = 1$

$10^5 = 100000$

$10^4 = 10000$

$10^3 = 1000$

$10^2 = 100$

$4^3 = 4 \cdot 4 \cdot 4 = 64$

$4^2 = 4 \cdot 4 = 16$

$4^1 = 4 = 4$

$4^{\frac{1}{2}} = \sqrt[2]{4} = 2$

$4^{\frac{1}{4}} = \sqrt[4]{4} = 1{,}41$

$4^{\frac{1}{8}} = \sqrt[8]{4} = 1{,}18$

$4^1 = 4$

$4^{-\frac{1}{2}} = \dfrac{1}{4^{\frac{1}{2}}} = \dfrac{1}{\sqrt[2]{4}} = 0{,}5$

$4^{-1} = \dfrac{1}{4^1} = \dfrac{1}{4} = 0{,}25$

$\sqrt[2]{4} = 4^{\frac{1}{2}} = 2$

$\sqrt[2]{8} = 8^{\frac{1}{2}} = 2{,}82$

$\sqrt[3]{8} = 8^{\frac{1}{3}} = 2$

$\sqrt[3]{8^2} = 8^{\frac{2}{3}} = 4$

$$10^1 = 10$$

$$10^0 = 1 \qquad\qquad (-2)^2 = \text{Potenz gerade} \quad +$$

$$10^{-1} = \frac{1}{10^1} = 0{,}1 \qquad\qquad (-2)^3 = \text{Potenz ungerade} \quad -$$

$$10^{-2} = \frac{1}{10^2} = 0{,}01 \qquad\qquad -3^2 = 9$$

$$10^{-3} = \frac{1}{10^3} = 0{,}001 \qquad\qquad -(-3)^2 = -9$$

## 6.7 Aufgaben selber erfinden

In der neuen Aufgabenkultur ist nicht nur der Lehrer gefordert neue Aufgaben zu erfinden, sondern auch die Schüler*innen können sich damit beschäftigen. Sie erhalten dabei einen Einblick in die Struktur und in den logischen Aufbau eines Problems. Der Lerninhalt wird stets vertieft und die Nachhaltigkeit ist besonders gegeben. Folgende Anregungen können als Ausgangspunkte für die zu erstellenden Aufgaben verwendet werden:

Erfinde eine Aufgabe in der folgende Begriffe vorkommen: Peter , Handy, Taschengeld, Opa!

Stelle eine Gleichung mit der Lösung $x = 12$ auf!

Erfinde zur Gleichung $42 - 3x = 36$ eine Textaufgabe!

Erstelle eine Textaufgabe zu folgenden Daten: Bank, 420€ , 3% , Urlaubsreise, Sparbuch!

Finde zu folgender Rechnung eine Aufgabe: $680\,€ \cdot 1.03^3 = 743{,}05\,€$

Erfinde ein Gleichungssystem mit der Lösung $x = 4 \qquad y = 6$.

## 6.8 Messen und schätzen

Diese Aufgabentypen sind sehr lebensnah und versuchen bestimmte, fast täglich wiederkehrende Situationen einzuschätzen. Beinah jeden Tag stehen wir vor Situationen, in denen wir etwas abschätzen müssen, wie groß ist eine bestimmte Entfernung, wie groß ist ein bestimmter Gegenstand, wie viel Warenwert lieg im meinem Einkaufswagen, wie viel sind 15% Rabatt von diesem Artikel usw. Viel Schüler haben kaum Möglichkeiten diese Aufgaben richtig zu beurteilen. Deshalb wurden sie vor einiger Zeit zu Recht in den Lehrplan aufgenommen und auch in der Prüfung gestellt. Dass diese Aufgaben ohne Taschenrechner erledigt werden müssen, stärkt auch das Kopfrechnen, das im späteren Leben immens wichtig ist.

**Beispiel 1:**

Mögliche Aufgaben:

Höhe des gesamten Denkmals?

Höhe der Figur?

Volumen des Sockels?

Als Bezugsgrößen kann man die Größe der Figur verwenden und für das Volumen die Höhe, die Länge und Breite der Stufen.

**Beispiel 2**

Mögliche Aufgaben:

Höhe des Hochhauses?

Umbauter Raum?

Anzahl der Fenster?

Bezugsgrößen: Höhe eines Stockwerkes.

Höhe und Breite eines Fensters.

**Beispiel 3**

Mögliche Aufgaben:

Länge des Autos?

Höhe des Autos?

Länge des Sockels

Bezugsgrößen: Höhe eines Reifens, Größe eines Menschen, der vor dem Auto steht.

**Beispiel 4**

Mögliche Aufgaben:

Anzahl der Münzen?

Wert der Münzen?

Bezugsgrößen:

Münzen je $cm^2$

Das Ergebnis dieser Aufgaben ist zweitranig, wichtiger ist, dass die Schüler einen realistischen Weg finden und ihn begründen, um eine bestimmte Größe zu errechnen. Wenn man also einen kleinen Ausschnitt des Bildes betrachtet und z.B. die Anzahl der Münzen in einem $cm^2$ zählt, kann man über die Gesamtfläche der dargestellten Gegenstände ein plausibles Ergebnis finden.

## 6.9 Aufgaben mit Spaßfaktor

Diese Aufgaben kann man in verschiedenen Phasen des Unterrichts einfügen. Sie sollen zum Staunen und zum Nachdenken anregen. Aber besonders der Spaß an der Mathematik kann hier in den Vordergrund gestellt werden, da viele dieser Aufgaben einen sehr lustigen Anforderungscharakter haben. Nebenbei erreicht man eine Auflockerung des Unterrichts und die Schüler werden angeregt mathematisch zu argumentieren. Man sollte jedoch diese Aufgaben nicht sporadisch verwenden, sondern sie wöchentlich regelmäßig 3-4 -mal einbauen. Viele Schüler*innen freuen sich auf diese Aufgaben, wenn man sie regelmäßig präsentiert. „Der Schüler lässt sich in der Regel nicht mit dem für das spätere Leben in Aussicht gestellten Erfolgen abspeisen, er will aus verständlich kurzfristiger Sicht schon während des Unterrichts emotional auf seine Kosten kommen." (Rolf Oerter/Erich Weber, Der Aspekt des Emotionalen in Unterricht und Erziehung" S.210, Donauöhrt 1975)

## Der Lottogewinn

Sieben Personen gewinnen im Lotto 2800€. Sie wollen nun das Geld gerecht verteilen. Der erste Gewinner meldet sich und schlägt vor:

2800 , die Zwei Nullen lassen wir weg und geben sie nach der Teilung wieder dazu.  2800

**28 : 7 = 13**          **also  1300€ für jeden**

**21**

Rechnung:   7 geht in 8 einmal, bleibt 1 übrig, 2 schreib ich herunter. 7 geht in 21 dreimal. Ergebnis  13 bzw.   1300 € für jeden Mitspieler.

Da sagt der zweite Gewinner, das kann nicht stimmen, aber ich kann die Probe machen:

**13  ·  7**          Drei mal  7  ist 21

**21**_____          und einmal  7  ist  7 , zusammen  28 -- 2800€

**_7**

**2800**          deine Rechnung stimmt doch!!

Meldet sich ein Dritter und sagt, man kann durch einfaches Addieren überprüfen, ob 13  = 1300€ richtig sind:

13

13          Er rechnet: von unten nach oben und dann umgekehrt!

13

13     3+3+3+3+3+3+3   = 21     +1+1+1+1+1+1+1  =  28   also 2800

13

13

13

28     also   2800€,     die Rechnung stimmt!!

Kannst du den Lottogewinnern helfen?

## Das Busproblem

In einem Linienbus sitzen 8 Personen. An der ersten Haltestelle steigen 10 Fahrgäste aus. Wie viele Personen müssen an der nächsten Haltestelle wieder einsteigen, damit der Bus leer ist?

Manche Schüler rechnen bei dieser Aufgabe sofort und schlagen ein konkretes Ergebnis vor, ohne genauer auf den Sachverhalt einzugehen. Das ist dann eine lustige Angelegenheit. Aber wo liegt der Denkfehler?

## Die älteste Textaufgabe der Welt

Ein Menge und ein Drittel davon ergeben zusammen 28. Wieviel ist es?

Mit einer einfachen X- Gleichung kann man diese Aufgabe darstellen und lösen.

## Das Faultier

Ein Faultier will im Urwald auf einen 10 m hohen Baum klettern. In einer Stunde kommt es 2m hoch, dann schläft es eine Stunde und rutscht dabei wieder 1m zurück. Wie lange braucht es, um ganz nach oben zu kommen?

Mit einer einfachen Lösungsstrategie, bei der man sich durch eine Verlaufsskizze das Ganze vorstellt, kommt man zum Ziel.

## Landvermessung

Die Babylonier besaßen viel Land und wollten diese Ländereien auch vermessen. Sie entwickelten folgendes einfaches Verfahren. Sie zeichneten die Umrisse eines Feldes und wandelten es durch Zerschneiden in ein berechenbares Rechteck um.

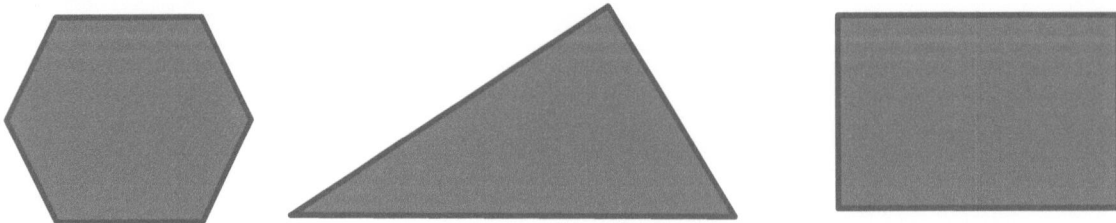

---

## Papier falten

Diese Aufgabe ist sehr gut geeignet bei der Einführung des Potenzrechnens. Es macht auch Spaß das Papier in die verschiedenen Formen zu verwandeln. Daneben ist dies eine sehr anschauliche Methode, bei der wieder das verständnisintensive Lernen im Vordergrund steht.

Falte ein Blatt Papier dreimal. Erhalte ich jetzt die dreifache Menge bzw. Höhe?

Einmal falten .....     $2^1$     =     2

Zweimal falten......     $2^2$     =     4

Dreimal falten ......     $2^4$     =     8

Versuche das Blatt achtmal zu falten. Kannst du die Höhe der gefalteten Blätter errechnen.

Die Erkenntnis, dass sich Ergebnisse beim Potenzieren sehr rasant vergrößern spielt hier eine große Rolle. Es wird auch praktisch nicht möglich sein, dass man ein DIN 4 Blatt 8-mal faltet. Aber man kann es berechnen und auch versuchen die Höhe des Stapels bei acht Faltungen in etwa zu ermitteln.

Das Falten lässt sich berechnen:   $2^1$..... bis...... $2^8$  = 256

## Ägyptische Multiplikation

Auf einer Papyrusrolle wird dargestellt, wie die Ägypter schon 1650 v. Chr. eine Multiplikation durchführt haben.     Z.B.:  8 · 7

1 · 8  oder (1 Menge von 8)          =  8

1 · 8  oder (1 Menge von 8)          =  8          56

2 · 8 oder (2 Mengen von 8)        =  16

3 · 8 oder (3 Mengen von 8)        =  24

Versuche diese Methode zu erklären!

**Kann 5 gleich 7 sein?**

$$5 = 7$$

$$5 + 2 = 7 \quad / \cdot 5$$

$$5(5+2) = 5 \cdot 7$$

$$25 + 10 = 35 \quad / - 35$$

$$25 + 10 - 35 = 35 - 35$$

$$25 + 10 - 35 = 35 - 35 + 14 - 14$$

$$25 + 10 - 35 = 35 + 14 - 49$$

$$5 \cdot (\cancel{5 + 2} - 7) = 7 \cdot (\cancel{5 + 2} - 7) \quad /: (5 + 2 - 7)$$

$$5 = 7$$

Kann das richtig sein? Suche nach einer Erklärung!

## Drei Freunde

Drei Freunde speisen eines Abends im Restaurant. Als Nachspeise bestellen sie Pralinen. Als der Ober die Pralinen serviert sind die drei schon eingeschlafen. Der Erste wacht aber wieder auf und verzehrt ein Drittel der Pralinen und schläft wieder ein. Dann erwacht der Zweite, weiß aber nicht, dass der Freund schon seinen Anteil an Pralinen gegessen hat. Auch er verspeist nun ein Drittel der vorhandenen Pralinen und schläft ebenfalls wieder ein. Schließlich erwacht der Dritte, auch er weiß nicht, dass die beiden anderen bereits ihre Pralinen verzehrt haben und verspeist seinen Anteil, ein Drittel. Am Schluss bleiben noch 8 Pralinen übrig. Wie viele Pralinen hatten sie ursprünglich?

Diese Aufgabe erfordert nun eine genau durchdachte Strategie. Der Anforderungscharakter und der Spaßfaktor sind entsprechend hoch und es bereitet den Schülern Freude, ein solches Problem zu lösen. In Partner- oder Gruppenarbeit kann man natürlich gemeinsam das Problem angehen.

So müsste dann die Lösung aussehen:

Der Erste verzehrt $\frac{1}{3}$ der Pralinen/ Rest $\frac{2}{3}$

Der Zweite erhält $\frac{1}{3}$ von $\frac{2}{3}$ = $\frac{2}{9}$ Rest $\frac{2}{3}$ - $\frac{2}{9}$ = $\frac{4}{9}$

Dem Dritten bleiben $\frac{1}{3}$ von $\frac{4}{9}$ = $\frac{4}{27}$

Alle drei zusammen verspeisen $\frac{1}{3}$ + $\frac{2}{9}$ + $\frac{4}{27}$ = $\frac{19}{27}$ Rest $\frac{8}{27}$

**Rest $\frac{8}{27}$ = 8 Pralinen** / 1 Praline ist dann $\frac{1}{27}$ / Anfangsmenge also 27

**Gedanken lesen**

Mit der nächsten Aufgabe kann man wieder die Schüler zum Staunen, aber auch dazu bringen, dass sie diese Rechnung hinterfragen und den Trick herausfinden wollen.

Ein Schüler wird im Kopfrechnen getestet. Der Lehrer sagt aber: „Ich kann deine Gedanken lesen." Der Schüler rechnet still: „Merk dir eine Zahl, verdopple sie, addiere 24, teile das Ergebnis durch 2, subtrahiere die Zahl, die du dir gemerkt hast! Der Schüler rechnet, der Lehrer nennt das Ergebnis: 12

**Gleichungssystem als Skizze**

Als nächstes folgt eine bildlich dargestellt Aufgabe, die ein Gleichungssystem erfordert. Zuerst muss man sich eine Lösungsstrategie erarbeiten. Das Bild muss in eine Gleichung umgewandelt werden. Die Schwierigkeit ist, dass man keine Textgleichung vorliegen hat und trotzdem erkennen muss, dass zur Lösung nur eine Gleichungssystem verwendet werden kann.

Wenn A gleich der Zahl 40 und B gleich der Zahl 57 ist, welchen Wert hat dann C?

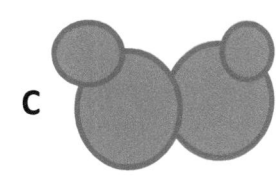

● = x          ● = y

1 )  4x  +  y   =  40          (  x = 9 / y = 4  )

1 )  5x  +  3y  =  57

### Die Schachbrettaufgabe

Das Schachspiel, das königliche Spiel, wurde der

Überlieferung nach in Indien von Sissa Ibn

Dahir erfunden. Er kreierte dieses Spiel für

seinen König. Der war begeistert und wollte

den Erfinder fürstlich belohnen. Dahir hatte

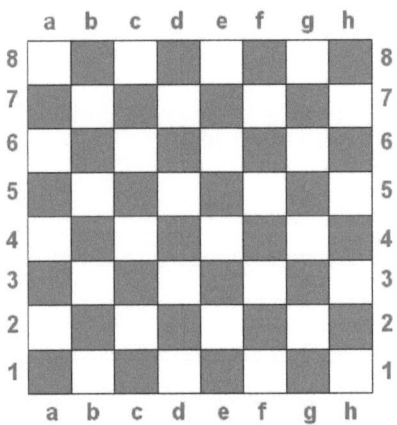

einen „bescheidenen Wunsch", wie der König meinte. Der Erfinder wollte für das 1. Schachbrettfeld 1 Weizenkorn, für das zweite Feld 2 Körner für das Dritte Feld 4 Körner usw. bis zum Feld 64. Der König war zunächst wegen des minimalen Wunsches verärgert. Als nach Tagen von seinen Wissenschaftlern noch keiner die Lösung errechnet hatte, wurde auch der König nervös. Es stellte sich dann heraus, dass im gesamten Königreich diese Weizenmenge nicht vorhanden war.

Kannst du diese Berechnung auch machen? (stelle Fragen!)

Wie gehe ich vor?

Wie viele Felder hat ein Schachbrett?

Wie viele Körner liegen alleine auf dem Feld 64?

Welche Weizenmenge kommt dabei zusammen?

Gibt es diese Menge Weizen auf der Welt?

Dies ist sicher eine sehr interessante Aufgabe, die eine Menge von Vorschlägen zur Folge haben wird. Die Schüler müssen bereits in das Potenzrechnen eingeführt sein. Im Team macht die Aufgabe sicher noch mehr Spaß.

Mögliche Rechnung:  1. Feld:  1 Korn =  $2^0$ / 2. Feld : 2 Körner = $2^1$ / dann am  3. Feld 4 Körner  =  $2^2$  usw. bis zum Feld 64.

Körner auf dem letzten Feld:  $2^{63}$ +1 Korn   = $9,22 \cdot 10^{18}$

Menge auf dem letzten Feld:  9.22 Trillionen Körner + 1 Korn

Um sich diese Summe an Körner vorstellen zu können muss man nun die Körner in Kilogramm und Tonnen umrechnen. Im Internet kann man leicht diese Zahlen und auch die auf der ganzen Welt vorkommende Weizenmenge recherchieren.

Tausendkorngewicht von Weizen:  40g

Daraus ergibt sich eine Menge von 730 Milliarden Tonnen. Das ist die 1200-fache  Weltweizenernte z. B. aus dem Jahre 2004.


## Unterbestimmte und überbestimmte Aufgaben

Solche Aufgaben fordern von den Schülern*innen noch erheblich mehr als herkömmliche Textaufgaben. Sie müssen erkennen, dass bei unterbestimmten Aufgaben wichtige Angaben, die zur Lösung nötig sind, fehlen und bei überbestimmten Aufgaben sind einige Angaben überflüssig, die nicht zur Lösung beitragen.

Ein Fliesengeschäft soll einen Auftrag innerhalb von 18 Tagen ausführen. Wenn 8 Fliesenleger täglich arbeiten kann der Auftrag fristgerecht erledigt werden. Nach sechs Tagen fallen jedoch einige Fliesenleger aus.

> Wie viele Überstunden müsste jeder der restlichen Arbeiter leisten, damit der Termin eingehalten werden kann?

Ein Fliesengeschäft soll einen Auftrag innerhalb 18 Tagen ausführen. Die Mittagspause dauert 45 Minuten. Wenn 8 Fliesenleger täglich 7,5 Stunden arbeiten kann der Auftrag fristgerecht erledigt werden. Nach sechs Tagen fallen jedoch 2 Arbeiter aus. Wie viele Überstunden müsste jeder der restlichen Arbeiter (Stundenlohn 16,50€) leisten, damit der Termin eingehalten werden kann?

Möglicher Rechenweg mit vollständigen Angaben:

| Tage | | Arbeiter | | Stunden. täglich | | gesamt | |
|------|---|----------|---|------------------|---|--------|---|
| 18 | · | 8 | · | 7,5 | = | 1080 h | |
| 6 | · | 8 | · | 7,5 | = | 360 h | schon erledigt |
| 12 | · | 6 | · | x | = | 720 h | Reststunden |
| | | | | 72 x | = | 720 h | |
| | | | | X | = | 10 h | |

Jeder Arbeiter müsste also täglich 10 Stunden arbeiten (2,5 Überstunden).

## Das Ziegenproblem

Eine Problemaufgabe, die immer wieder Interesse und Staunen wecken kann stellt diese Aufgabe dar. Sie stammt aus einer bekannten Fernsehshow. Der Kandidat dieser Show kann aus drei Türen eine auswählen. Hinter zwei Türen steht eine Ziege und hinter der dritten Türe steht als Hauptpreis, ein neues Auto.

1    2    3

Die drei Symbole sind nun hinter den drei Türen versteckt. Der Kandidat darf nur eine Türe auswählen und will z. B. die Türe Nr. 1. Die Türe wird jetzt nicht sofort geöffnet, sondern der Showmaster sagt: „Ich zeige ihnen was" und öffnet die zweite Türe, hinter der nun eine Ziege zu sehen ist. Der Kandidat kann nun wechseln und die Türe Nr. 3 wählen. Das Auto muss also hinter der ersten oder hinter der dritten Türe sein. Die Wahrscheinlichkeit den Haupttreffer zu landen steht scheinbar bei eins zu zwei, egal ob sie ihre Entscheidung revidieren oder nicht. In der Sendung entschieden sich fast 90% bei der ursprünglich gewählten Türe zu bleiben. Aber ist das auch richtig?

Die Schüler sind jetzt gefordert eine Antwort zu finden. Man kann also den ganzen Sachverhalt durchspielen.

1. Das Auto steht hinter Türe 1. Im oben genannten Beispiel hat der Kandidat diese Türe gewählt. Es wäre also richtig bei dieser Türe zu bleiben.
2. Das Auto steht hinter Türe 3. Der Showmaster hat ja Türe zwei geöffnet. In diesem Fall ist es richtig zu wechseln.
3. Das Auto steht hinter Türe 2. Dann wird der Showmaster natürlich die Türe drei mit der Ziege öffnen. Auch hier ist dann das Wechseln richtig.

Das Ergebnis ist dann folgendermaßen: In zwei von drei Fällen gewinnt man, wenn man wechselt.

Wahrscheinlichkeit, wenn man beim zuerst gewählten Tor bleibt 1: 2 = 50%

Wahrscheinlichkeit, wenn man wechselt  2 : 3 = 66,66%

## 7.Methodenkompetenz

Ein weiterer  wichtiger Aspekt, um gezielt methodisch und didaktisch am herkömmlichen Unterricht etwas zu ändern, ist die Methodenkompetenz des Lehrers.  Der tägliche Unterricht wird so nicht nur abwechslungsreicher und interessanter, sondern auch nachhaltiger. Wichtig ist auch, dass diese Methoden das selbständige, eigenverantwortliche Lernen möglich machen. Gemeinsames Lernen, in Partner oder Gruppenarbeit  und ein Wechsel der Sozialformen ist hier ebenfalls ein fruchtbarer Nebeneffekt.

„Erfolgreiches Lernen wird ermöglicht durch eine Vielfalt von Unterrichtsmethoden, bei denen sowohl selbstständige als auch gelenkte Lernprozesse flexibel und situationsabhängig eingesetzt werden. (Timo Leuders, „Qualität im Mathematikunterricht" S. 148, Berlin 2001)

Ich habe immer wieder versucht neue methodische Wege zu finden, um besonders das verständnisintensive Lernen zu fördern. Das Ausprobieren machte nicht nur den Schülern Spaß, sondern auch mir. Natürlich haben sich dann einige methodische Wege als nicht besonders fruchtbar erwiesen. Diese wurden dann auch mehr oder weniger vernachlässigt. Die vier wichtigsten Methoden meiner Meinung nach habe ich bereits im Kapitel 4 ausführlich vorgestellt. (Eigenverantwortliches Lernen):

4.1. 3 Mit Arbeitsaufträgen zu einer selbständig erarbeiteten Erkenntnis

4.3.2 Mit effektivem Operieren zum Lehrsatz

4.3.3 Durch Verbalisieren zu einer nachhaltigen Erkenntnis gelangen

5.3    Probleme lösen mit Strukturierung

Im Folgenden möchte ich weitere Methoden vorstellen, die sich als sehr praktikabel  für die tägliche Unterrichtsarbeit erwiesen haben.


**7.1 Stationsarbeit**

Ablauf: Jede Tischgruppe stellt eine Station dar.  Die Anzahl der Klassengruppen ist gleich die Anzahl der Stationen. Auf jeder Station wird eine Aufgabe abgelegt. Alle Probleme gehören zu einem Thema und sind vom Schwierigkeitsgrad sehr ähnlich. Nach dem Startzeichen beginnen die Gruppen ihre Aufgabe zu lösen. Ist sie gelöst, begibt sich die Gruppe zur nächsten Station und so weiter, bis alle fünf Stationen absolviert sind. Die Rechenwege und Ergebnisse werden vom Schriftführer der Gruppe festgehalten. Am Ende folgt die Ergebniskontrolle und die Besprechung.

Beispiel: Gleichungssysteme

Aufgabenkarte 1

Ein Rechteck hat einen Umfang von 20 cm. Die Seite a ist um 2cm größer als die Seite b.  Wie groß sind a und b?

Aufgabenkarte 2

In einem gleichschenkeligen Dreieck ist der Winkel an der Spitze um 15° kleiner als ein Basiswinkel. Wie groß sind die Winkel in diesem Dreieck?

Aufgabenkarte 3

Anna hat einen 10€ Schein in 1 € und 2 € Münzen wechseln lassen. Sie erhält 8 Münzen. Wie hat sie gewechselt/Anzahl der 1€ und 2€ Münzen?

Aufgabenkarte 4

Vor fünf Jahren war Vater fünfmal so alt wie sein Sohn Tobias. In zehn Jahren wird er nur mehr zweimal so alt sein wie sein Sohn. Wie alt sind beide jetzt?

Aufgabenkarte 5

Verkürzt man in einem Rechteck die längere Seite um 6 cm und verlängert die kürzere Seite um 3 cm, so entsteht ein Quadrat, dessen Fläche 126 $cm^2$ kleiner ist als die Fläche des ursprünglichen Rechtecks. Wie lang sind die Rechteckseiten?

## 7.2 Temporunde

Eine Steigerung der Stationsarbeit ist die Temporunde. Der Ablauf ist der Stationsarbeit sehr ähnlich. Die Schüler haben aber pro Station nur eine bestimmte Zeit zur Verfügung. Nach dem Wechselsignal rotieren die Gruppen im Uhrzeigersinn. Der Schriftführer hält die geschafften Ergebnisse fest. Auf der Karte befinden sich drei Aufgaben mit unterschiedlichem Schwierigkeitsgrad. Die Gruppe muss also auch schnell entscheiden, mit welcher Aufgabe man beginnt. Die Aufgabe eins bringt 2 Punkte, Aufgabe zwei, 4 Punkte und Aufgabe drei, 6 Punkte. Am Ende werden die Aufgaben besprochen und die Punkte ermittelt. Man konnte bei dieser Methode deutlich erkennen, dass der Wettbewerb eine zusätzliche Motivation darstellte. Nebenbei wurden viele Lerninhalte wiederholt und gesichert.

Aufgabenkarte 1

Level 1: $$\frac{x^5 \cdot 3\,x^3}{x^4} =$$

Level 2: Verwandle die Gleichung in die Normalform

$$5y - 2x + 5 = 0$$

Level 3: Eine Stadt hat heute 16400 Einwohner. Wie hoch war die

Einwohnerzahl vor fünf Jahren, wenn im Schnitt die

Einwohnerzahl pro Jahr um 4% gestiegen ist?

Aufgabenkarte 2

Level 1: $$\frac{12\,y^4 \cdot 3\,x^2}{4\,x \cdot 3\,y^2} =$$

Level 2: Stelle mit folgenden Punkten eine Gerade auf!

$$P(1, -1) \quad Q(0, -3)$$

Level 3: Verwandle die Scheitelpunktform in die Normalform

der Parabel ! $y = -(x - 2)^2 + 5$

## Aufgabenkarte 3

Level 1: $(3x + 2y) \cdot (4x - 2y) =$

Level 2: $g_1$: $y = 0{,}5\,x + 1$    Ermittle die Gerade $g_2$ rechnerisch,

die senkrecht auf $g_1$ steht und durch den Punkt  P ( 3/ 2 ) geht.

Level 3: Verwandle die Normalform der nach unten geöffneten Parabel

in die Scheitelpunktform!

$$Y = -x^2 + 4x + 1$$

## Aufgabenkarte 4

Level 1: $\dfrac{4\,x^5 \quad \cdot \quad y^4}{2y^2 \quad \cdot \quad x^2} =$

Level 2: $Y = 2x + 2$    Berechne die Schnittpunkte der Geraden mit

der  X-  und  Y – Achse !

Level 3: Löse das Gleichungssystem:

I)     $x + \phantom{2}y = \phantom{1}8$
II)    $x + 2y = 10$

## Aufgabenkarte 5

Level 1: $(2 + 2^2)^2 + 4^2 - 3 \cdot 2 =$

Level 2:  Stelle rechnerisch folgende Gerade auf, die durch die Punkte

P (1 / 4)    Q (0 / 3) geht!

Level 3:  Eva legt für fünf Jahre 5800€ bei einer Bank mit 4 % Zinsen

an. Die Zinsen werden jeweils auf das Kapital gutgeschrieben.

Kapital nach fünf Jahren?

## 7.3 Expertenrunde

Eine weitere interessante Methode ist die Expertenrunde, denn dabei wird das Helfersystem aktiviert. Der ganze Ablauf gleicht dem Stationsunterricht. Zusätzlich befindet sich aber in jeder Gruppe ein Experte, der die Aufgabe bereits kennt und somit die Gruppe unterstützt, wertvolle Tipps gibt, aber nicht die Lösung selbst vorstellt. Der Ablauf:  Die fünf Gruppen starten in ihrer alltäglichen Zusammensetzung und jede Gruppe nummeriert sich am Anfang durch von 1-5. Auf jedem Gruppentisch liegt eine Aufgabenkarte, die immer auf dem Tisch verbleibt. In der ersten Runde löst jede Gruppe die entsprechende Aufgabe. Dann werden die Gruppen neu zusammengesetzt: Alle Einser bilden nun eine Gruppe, alle Zweier ---usw.  Das bedeutet, dass nun in jeder Gruppe jeweils ein Schüler sitzt, der die Aufgabe bereits gerechnet hat, dieser ist der Experte. Er unterstützt als Helfer, gibt Tipps oder Impulse, die zur Lösung führen. Nach jeder gelösten Aufgaben rotieren die Gruppen im Uhrzeigersinn weiter.

Bei der Zusammensetzung der neuen Gruppen ergeben sich meist zufällig ganz andere Gruppenstrukturen. Das Zusammengehörigkeitsgefühl in der gesamten Klasse wird dadurch gestärkt. Man arbeitet auch mal mit Schülern anderer Gruppen  zusammen und lernt sie näher kennen. Der Experte spielt dabei eine besondere Rolle und unterstützt beim Finden der Lösung.

Beispiel: **Aufgabe 1:**

Berechne das Volumen eines Basketballs mit d =  28 cm

**Aufgabe 2:**

Eine Kugel hat einen Radius von 16 cm. Berechne die Oberfläche und das Volumen. Welches Ergebnis erhalte ich, wenn der Radius nur 8 cm beträgt. Vergleiche die Ergebnisse!

**Aufgabe 3**

In einer Eistüte wird eine Eis- Kugel

genau zur Hälfte versenkt.

Der Umfang der Tüte ganz oben

beträgt 12,56 cm. Berechne das

Volumen der Eis-Kugel!

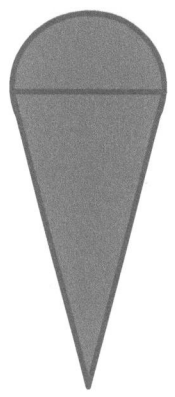

**Aufgabe 4**

Eine Hohlkugel hat einen inneren Durchmesser von 6 cm und einen äußeren Durchmesser von 8 cm. Berechne die Oberfläche und das innere Volumen der Kugel.

**Aufgabe 5**

Ein kugelförmiges Ausdehnungsgefäß soll gestrichen werden. Für einen Quadratmeter benötigt man 0,4 Liter Farbe. Kugeldurchmesser 1.4m

**7.4 Das Kugellager**

Bei dieser Methode fragen sich die Schüler selbständig untereinander aus. Die Fragen stellen sie aus dem Heft. Es muss darauf geachtet werden, dass man die Fragen auch mündlich beantworten kann. Dazu eignet sich das Beispielheft. Die Inhalte können neue Erkenntnisse, Formel, Rechnungswege oder kleine Kopfrechenaufgaben sein. Die Klasse wird in zwei gleich große Gruppen geteilt.

Die eine Gruppe bildet innen einen Kreis, die andere Gruppe bildet einen Außenkreis. Die Schüler stehen sich dann gegenüber und stellen eine Frage. Ist die Frage beantwortet drehen sich die beiden Kreise bis Stopp gerufen wird. Dann erhält jeder wieder einen neuen Gegenüber und stellt seine Frage. Nach einiger Zeit kommen dann auch die Schüler aus dem Außenkreis als Frager zum Zuge.

## 7.5 Die „ Ich- Du – Wir " Methode

Das ist auch eine weitere Methode, bei der die Kommunikation unter den Schülern wichtig wird. Sie erhalten eine Problemaufgabe aus dem Bereich der offenen Aufgaben. In den ersten 5-8 Minuten beschäftigt sich jeder Einzelne „Ich" mit dem Problem. Dann tauscht er sich mit seinem Banknachbar aus: Was hast „Du" herausgefunden? Schließlich wird die ganze Problematik von der Klasse **„Wir"** besprochen. So sind alle intensiv in die Lösungsfindung eingebunden. Und es wird erkannt, dass man zusammen Probleme schneller und leichter lösen kann als alleine.

## 7.6 Probearbeiten mit Wiederholungsteil

Eine weitere Möglichkeit erledigte Lerninhalte erneut zu wiederholen kann auch in der Probearbeit stattfinden. Zu den Aufgaben der behandelten Lerneinheiten kommen dann noch ein - zwei Aufgaben aus vergangenen Lerneinheiten. Die Schüler*innen werden natürlich über den Stoffumfang vorher informiert. Sie beschäftigen sich dann auch zuhause selbstständig mit den vorher gelernten Inhalten und üben dies wieder nachhaltig ein. Dies ist auch eine gute Vorübung für die Jahresproben oder die Abschlussprüfungen, bei denen Aufgaben aus allen Stoffgebieten vorkommen.

## 7.7 Das Trainingsband

Eine vielversprechende Methode ist das Trainingsband, das in der Lehrerfortbildung von 28.05.2009 vom Seminarleiter Karl Utz aus Cham vorgestellt wurde.

„Die Einstiegsphase zum Unterricht, das „warming up" hat vielerlei Funktionen. Eine dieser soll hier dokumentiert und erläutert werden: Dem Vergessen von angeeigneten Wissen von Schülern entgegenzuwirken. So wie im Sport Muskeln ausdauernd trainiert werden müssen, damit sie nicht erschlaffen, brauchen Synapsen von Nervenzellen im Gehirn ständiges Training, damit sie gut und anhaltend funktionieren" (Karl Utz, Lehrerfortbildung 28.05.2009 )

Nach Karl Utz wir das Trainingsband vor allem zum Üben des Kopfrechnens und zur Festigung des Grundwissens eingesetzt. Die Methode kam vorwiegend in den 5. Und 6. Klassen zum Einsatz. Für die 9. Und 10. Klassen an unserer Schule habe ich das System etwas abgeändert. Das Trainingsband wird einmal am Ende der Woche eingesetzt und es werden die gerade gelernten Erkenntnisse weiderholt, daneben kommen aber auch mehrere Aufgaben aus vergangenen Lerneinheiten zum Zuge. So wurde aus dem Trainingsband ein wichtiger Baustein gegen das Vergessen. Ein weiterer Effekt war, dass die Schüler bei der Prüfungsvorbereitung in der 9. und 10. Klasse nicht mehr von Null mit der Wiederholung anfangen mussten. Viele Einheiten bearbeiteten die Schüler so im Laufe des Jahres. Außerdem konnten wir noch weiter von dieser Methode profitieren. Es war sehr einfach anhand des Übersichtblattes festzustellen, welche Inhalte noch Schwierigkeiten bereiten. Die Fehleranalyse konnte Klassenbezogen aber auch für jeden einzelnen Schüler durchgeführt werden. Man kann also diese Vorgehensweise nur empfehlen. Die Mehrarbeit wird schnell zur Routine und in den darauf folgenden Jahren kann man immer wieder auf diese Blätter zurückgreifen. Die Schüler arbeiteten ebenfalls sehr gerne mit dem Trainingsband. Durch das Sammeln von Punkten, das ich dazu neu einführte, kam ein zusätzlicher Motivationseffekt und die Korrektur durch den Banknachbar stellte sich ebenfalls positiv dar. Pro Trainingseinheit stellte ich 10 Aufgaben auf, wobei ab der 5. oder 6. Aufgabe immer Themen aus vorausgegangenen Lerneinheiten stammten. Die Aufgaben mussten in rund 10 Minuten erledigt werden. Der Banknachbar korrigierte das Blatt. Als Hilfe standen die Lösungen dann auf dem Whiteboard.

Im Folgenden möchte ich nun zu einer besseren Veranschaulichung einige Trainingsbänder vorstellen. Das erste Trainingsband stammt aus dem Stoffgebiet der M 9 und das zweite Blatt gehört zum Stoff der M10 Klassen der Mittelschule. Zuerst folgt das Übersichtsblatt.

## Trainingsband Mathematik / Übersicht

| **Datum** | **- Aufgaben-** | | | | | | | | | | **Richtig** | **Unters.** |
|---|---|---|---|---|---|---|---|---|---|---|---|---|
| | 1 | 2 | 3 | 4 | 5 | 6 | 7 | 8 | 9 | 10 | | |
| **12.9.18** | **r** | **r** | **r** | **f** | **r** | **r** | **r** | **f** | **r** | **r** | **8** | *Muster* |
| | | | | | | | | | | | | |
| | | | | | | | | | | | | |
| | | | | | | | | | | | | |
| | | | | | | | | | | | | |
| | | | | | | | | | | | | |
| | | | | | | | | | | | | |
| | | | | | | | | | | | | |
| | | | | | | | | | | | | |
| | | | | | | | | | | | | |
| | | | | | | | | | | | | |
| | | | | | | | | | | | | |
| | | | | | | | | | | | | |
| | | | | | | | | | | | | |
| | | | | | | | | | | | | |
| | | | | | | | | | | | | |

1

**Trainingsband Mathematik  4**

1    Eine Gerade geht durch die  Punkte  ( 0 / 3 ) und (1,5 / 0)

     Errechne die Funktionsgleichung:

2    Liegt der Punkt (2/ 0,5) auf der Geraden  $y = \frac{3}{4}x$ -1?

3    Eine Gerade geht durch den Punkt S (3 /4).  m = $\frac{1}{3}$

     Stelle die Gerade auf:

4    Auf der Geraden  $y = \frac{1}{2}$ x + 2  steht die Gerade $g_2$,

     die durch den Punkt (2 / 2) geht senkrecht. Berechne $g_2$

5    Berechne den Schnittpunkt der beiden Geraden:

     Y = x + 2          y  =  -2x + 8

6    Kegel :  V  =  200,96 $cm^3$,  r  =  4  cm,

     Berechne die Kegelhöhe!

7    Kegel: Mantel = 100,48 $cm^2$ ,   s = 8 cm

     Berechne den Radius des Kegels!

8    Berechne  x!    $\frac{9}{x}$  +  $\frac{6}{2x}$  =  -4

9    s / s  Gleichseitiges Dreieck. S  =  8 cm

         s    Berechne die Fläche!

10   Mit welchem Prozentsatz wird ein Kapital verzinst, wenn

     aus einem Anfangskapital von 5000€ in drei Jahren mit

     Zinseszinsen  5871 € werden?

**2**

| Trainingsband Mathematik  6 | |
|---|---|
| 1     Wandle in die Scheitelpunktform um:<br><br>    $Y = x^2 + 4x + 7$ | |
| 2     Wandle in die Normalform um:<br><br>    $Y = (x + 2)^2 + 3$ | |
| 3     Forme in die Normalform um:<br><br>    $Y = -(x + 2)^2 + 3$ | |
| 4     Berechne die Schnittpunkte der beiden Parabeln:<br><br>    $Y = x^2 + 2x + 3$     $y = -x^2 + x + 4$ | |
| 5     Löse die quadratische Gleichung:<br><br>    $0 = x^2 + 2x + 3$ | |
| 6     Anfangskapital 5000€, Laufzeit 3 Jahre Zinssatz 2,5%<br><br>    Kapital nach drei Jahren mit Zinseszinsen! | |
| 7     C            b = 3 cm     ß = 2o°<br><br>    b               Berechne die Hypotenuse:<br><br><br>    A           ß   B | |
| 8     Das Volumen einer Kugel beträgt 113,04 $cm^3$<br><br>    Berechne den Kugelradius: | |
| 9     Die Kugeloberfläche beträgt 624 $cm^2$<br><br>    Berechne den Kugelradius: | |
| 10    $\dfrac{4\,x^3 \cdot 6\,y^5}{2\,y^2 \cdot 2\,x^2} =$ | |

## 7.8 Die Zettelbox

Auch die bekannte Zettelbox ist immer noch eine mögliche Form, um Lerninhalte einzuprägen und zu wiederholen. Bei dieser Methode haben wir uns auf die ganz hartnäckigen Probleme konzentriert. Es wurden also nicht grundsätzlich alle Erkenntnisse und Formeln darauf festgehalten, sondern nur diejenigen, die ganz individuell von einzelnen Schülern schwer zu verstehen waren. Folgender Ablauf zeigte sich dann als ganz praktikabel: Wenn also eine bestimmte Erkenntnis, ein wichtiger Zusammenhang oder auch eine Formel immer Probleme machte, notierte man das Ganze auf einen Zettel aus der Zettelbox (9 x 9). Auf der Rückseite stand dann die Auflösung. Auch kleinere Grundaufgaben fanden Platz auf dem Blatt. Die Zettelbox selber stand aber zuhause auf dem Nachtkästchen. Die Schüler hatten den Auftrag, immer vor dem Zubettgehen die Zettelbox zu bearbeiten. Viele Schüler folgten dieser freiwilligen Aufgabe und konnten feststellen, dass man damit schnell und sicher ein Thema beherrscht.

## 8. Die Gestaltung und Bedeutung des Merkheftes

### 8.1 Funktion des Merkheftes/Beispielheftes

Im Gesamtkonzept spielt auch das sogenannte Beispielheft eine wichtige Rolle. Es mag zwar als antiquiert erscheinen in Zeiten des Computers so ein herkömmliches Hilfsmittel zu verwenden, aber beim verständnisintensiven Lernen und beim nachhaltigen Lernen ist das Beispielheft ein wichtiger Faktor im Gesamtgefüge. In diesem Heft werden alle Lernziele einer Jahrgangsstufe in kleinen Schritten dargestellt und dokumentiert. Die Schüler können, wenn so ein Heft übersichtlich, lückenlos und aussagekräftig gestaltet wurde, gezielt für eine Probe und später für die Abschlussprüfung selbstständig lernen. Dieser Hefteintrag fördert auch durch eine weitere Wiederholung und eine ansprechende Gestaltung die Nachhaltigkeit. Es ist natürlich wichtig, dass die Schüler zu Beginn eines Schuljahres die Gestaltung des Heftes mit dem Lehrer besprechen. Hier müssen zunächst die äußeren Merkmale eines guten Hefteintrages diskutiert werden. Einige lerntheoretische Aussagen finden dann in diesen Hefteinträgen eine Verwirklichung. Man lernt z.B. mit dem Auge: also gestaltet man den Eintrag mit verschieden Farben. Es soll auch eine immer wiederkehrende Struktur in den Heften erkennbar sein. Der Lösungsweg kann besonders gekennzeichnet bzw. in einzelne Schritte zerlegt werden. Die abschließende Erkenntnis oder auch die wichtige Formel hebt man für das Auge besonders hervor. Auch die Tatsache, dass durch den Hefteintrag der ganze Lösungsweg nochmal nachvollzogen wird, fördert das Behalten.

## 8.2 Struktur eines Eintrages

Wenn es möglich ist, sollte pro Einführungsstunde eine Heftseite veranschlagt werden. Folgende Struktur ist sehr oft möglich:

**Thema -- Problem --- Was will ich berechnen --- Lösungsweg --- Lösung-- Erkenntnis**

Die einzelnen Teilbereiche werden farblich unterschiedlich gestaltet. Der Lösungsweg kann bei umfangreichen Aufgaben noch in Schritten aufgegliedert werden.

## 8.3 Kriterien für einen ansprechenden Hefteintrag

- übersichtlich und überschaubar

- ordentlich und farblich ausgestaltet

- pro Einführungsstunde ein Hefteintrag

- exakte Zeichnungen und Darstellungen

- erkennbare Struktur

- kleine Schritte, die zum Verständnis führen

- Vorbildfunktion des Lehrers an der Tafel bzw. am Whiteboard ist wichtig

## 8.4 Beispiele für solche Hefteinträge

Beispiel 1:

## Lösung einer Textgleichung mit dem Gleichungssystem

### Problem:

Vor 5 Jahren war Vater fünfmal so alt wie sein Sohn Tobias. In 10 Jahren wird Vater nur mehr zweimal so alt wie sein Sohn sein.

Was kann ich berechnen?

**Wie alt sind jetzt beide?**

Lösungsweg:

1. Lege die Variablen fest!

$$Vater = x \qquad Sohn = y$$

2. Stelle zwei Gleichungen auf!

1) $x - 5 = (y - 5) \cdot 5$    - vor 5 Jahren

           - Sohn mal 5

2) $x + 10 = (y + 10) \cdot 2$    - in 10 Jahren

           - Sohn mal 2

3. Löse die erste Gleichung nach x auf und setze sie in 2 ein!

1) $x - 5 = (y - 5)5 \longrightarrow x = 5y - 20$

2) $x + 10 = (y + 10) \cdot 2 \longrightarrow y = 10$ Sohn

4. Setze $y = 10$ in eine Ausgangsgleichung ein: $\longrightarrow x = 30$ **Vater**

**Beispiel 2**

*Bestimme die Funktionsgleichung einer Geraden aus*

*zwei Punkten*

*Eine Gerade geht durch die Punkte A (-2 / 1) und*

*B ( 4 / 4 )*

*Bestimme die Funktionsgleichung der Geraden!*

$$A \ (-2 \ / \ 1) \qquad B \ (4 \ / \ 4)$$

$$\uparrow \quad \uparrow \qquad\qquad \uparrow \quad \uparrow$$

$$x_1 \quad y_1 \qquad\qquad x_2 \quad y_2$$

1. *Subtrahiere die y-Werte und teile sie durch die Differenz der*

   *x - Werte, so erhältst du die Steigung der Geraden!*

$$m \ = \ \frac{y_2 - y_1}{x_2 - x_1}$$

$$m \ = \ \frac{4 \ - \ (+1)}{4 \ - \ (-2)} \ = \ \frac{3}{6} \ = \ 0,5$$

2. *Setze die Steigung in die allgemeine Formel der Geraden ein!*

$$y = mx + t \qquad y = 0,5 x + t$$

3. *Setze A oder B in die Gleichung ein!* $\qquad (-2 \ / \ 1 \ )$

$$1 = 0,5 \cdot -2 + t \qquad \longrightarrow \qquad t = 2$$

4. *Stelle die Gleichung auf!*

$$y \ = \ 0,5 x \ + \ 2$$

**Beispiel 3**

## Senkrechte Geraden

Gegeben: Die Gerade $g_1$ : $y = 0,5x + 1$

Ermittle rechnerisch und zeichnerisch die Gerade $g_2$ , die senkrecht auf $g_1$ steht und durch den Punkt ( 3 / -2 ) geht!

1. Welchen Steigungsfaktor hat eine Gerade, die senkrecht auf einer anderen steht?

$$m = \frac{1}{2}x \quad / \quad m_2 = \frac{2}{1} \quad \text{aber fallend} \quad m_2 = -2x$$

Der Steigungsfaktor einer Geraden, die senkrecht auf einer anderen Geraden steht ist der negative Kehrwert

2. Setze den Steigungsfaktor in die allgem. Form der Geraden ein!

$$y = -2x + t$$

3. Setze den Punkt ( 3 / -2 ) in diese Gleichung ein!

( 3 / -2 )

$$-2 = -2 \cdot 3 + t$$

$$4 = t$$

4. Stelle die Gerade auf!

$$y = -2x + 4$$

# 5. Zeichnerische Lösung

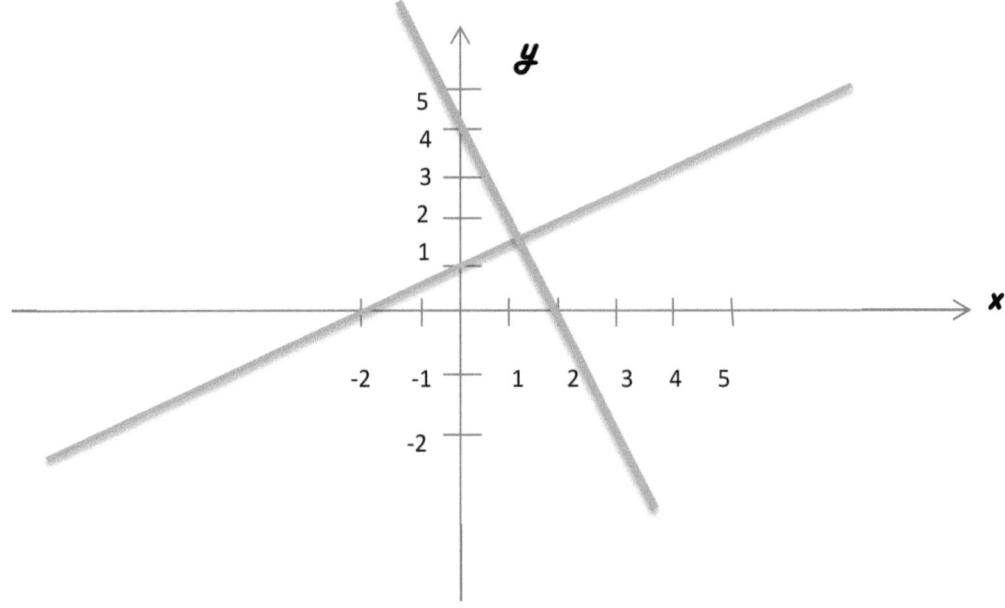

## 9. Die Wiederholung als zentrale Aufgabe

### 9.1 Allgemeine Erkenntnisse

Im Mittelpunkt des gesamten Lernens steht das Wiederholen. Nur dadurch können Lerninhalte langfristig und nachhaltig in unser Gedächtnis Eingang finden. Es reicht auch nicht aus etwas einmal oder zweimal zu wiederholen. Wir müssen stets versuchen, ein System von aufeinanderfolgenden Wiederholungseinheiten zu schaffen, damit das Gelernte später jederzeit wieder abgerufen werden kann. Ansonsten trifft der nicht ganz ernstgemeinte Satz über das Lernen in der Schule zu: „Wir lernen in der Schule, damit wir etwas zu vergessen haben." Darüber hinaus ist Lernen ja ein lebenslanger Prozess, der vor allem in der Schule eingeübt werden muss.

„Das erfolgreichste Mittel, um dem Vergessen entgegenzuwirken, ist das Wiederholen. In bestimmten Abständen solltest du alle Informationen im Schnelldurchlauf noch einmal anschauen. Am wichtigsten ist, dass Du das Gelernte zum ersten Mal innerhalb 24 Stunden wiederholst. Das ist der entscheidende Schritt, um das Wissen von Kurzzeit- ins Langzeitgedächtnis zu befördern! ( Der Kampf gegen das Vergessen: in www.beyourbest.de)

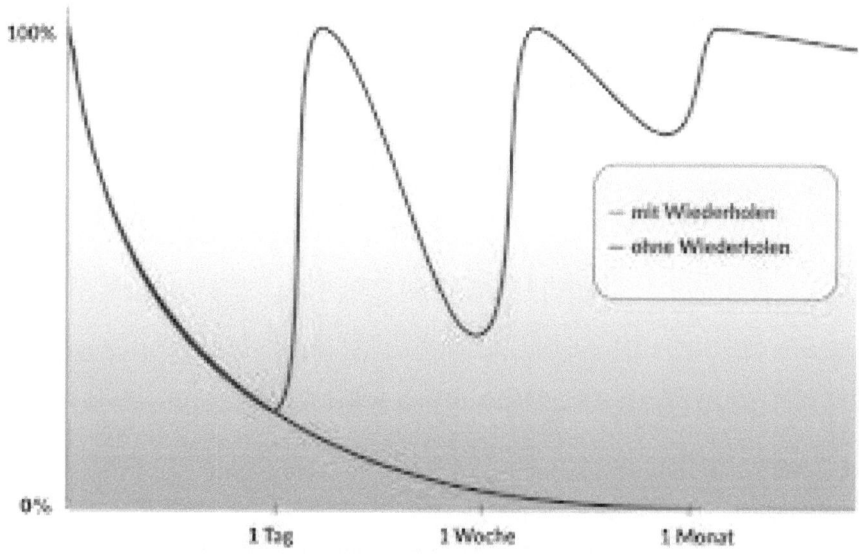

Die berühmte Kurve des Vergessens von Ebbinghaus stellt das mehrmalige Wiederholen in verschiedenen Intervallen dar. (Kampf gegen das Vergessen, www.beyourbest.de )

Im Folgenden will ich darstellen, in welcher zeitlichen Abfolge und in welcher Häufigkeit nun das Wiederholen in den Unterricht und in die Hausarbeit Eingang findet.

## 9.2 Wiederholungen im Tagesverlauf

Wird ein neuer Lerninhalt bzw. eine Erkenntnis oder eine neue Einsicht gewonnen, so ist es von großer Bedeutung, dass bereits in den ersten Minuten danach eine Wiederholung stattfindet. Die Schüler*innen haben z.B. durch verständnisintensives Lernen in Gruppenarbeit etwas Neues herausgefunden. Die erste Wiederholung findet dann unmittelbar danach statt, wenn die Schülergruppen ihre gefundenen Lösungswege und Lösungen vorstellen. Der Zweite Schritt ist nun der Eintrag in das Beispielheft. Jeder einzelne Schüler beschäftigt sich nun nochmal mit der Thematik und stellt das ganze grafisch im Heft dar. Anschließend läuft die dritte Wiederholung ab, die Übungsphase. Im Laufe des Tages (Nachmittag) erledigen dann die Schüler*innen hoffentlich ihre Hausaufgaben und beschäftigen sich damit nochmal mit dem Lernstoff.

## 9.3 Wiederholungen in der Schulwoche

Auch in den nächsten Tagen ist eine Wiederholung nötig. Es beginnt damit, dass die Schüler am nächsten Tag ihre Hausaufgaben vorstellen und die Erkenntnis nochmal dargestellt wird. Dann folgen noch weitere Übungsphasen zu diesem Thema. Am Ende der Woche wiederholt man dann alle in der Woche erarbeiteten Lernziele mit dem „Trainingsband."

## 9.4 Eigenverantwortliches Wiederholen

Weitere Wiederholungen liegen anschließend in der eigenen Verantwortung der Schüler. Sie können mit der Zettelbox schwierige Einheiten oder Formeln einüben und mit dem System „Was muss ich können" ganze Grundaufgaben in Frage und Antwort nochmal lösen. Natürlich bedarf es dazu der Motivation durch den Lehrer. Weitere Übungseinheiten folgen anschließend, wenn eine Probearbeit ansteht. Da diese Probearbeiten ebenfalls einen Wiederholungsteil beinhalten, wir das Ganze nochmal bearbeitet. Schließlich kommt dann am Jahresende in der 9. und 10. Klasse die Abschlussprüfung. Hier ist es besonders wichtig Zeit einzuplanen, um den Stoff des gesamten Jahres nochmal intensiv zu wiederholen.

## 9.5 Zusammenfassung/ Wiederholungsstrategie

## 10. Die emotionale Ebene

### 10.1 Allgemeine Aspekte

Nicht nur in der didaktisch-methodischen Ebene und in der Art der Aufgaben, also in der inhaltlichen Ebene muss es ein Umdenken geben, sondern auch im emotionalen Bereich.

„Beim integrativen Unterricht arbeiten die Lehrpersonen mit den Schülern zusammen auf gemeinsame Ziele hin. Eigeninitiativen der Kinder werden nicht nur respektiert, sondern provoziert, Probleme werden sachlich diskutiert, unterstützende Erziehungspraktiken bevorzugt. Freundliche und höfliche Umgangsformen bestimmen die Atmosphäre." (Rolf Oerter/Erich Weber: „Der Aspekt des Emotionalen in Unterricht und Erziehung" S. 226/Donauwörth 1975). Es ist also von grundlegender Bedeutung, dass im Unterricht und während des ganzen Tages in der Schule und in der Klasse eine wohltuende emotionale Wärme vorherrscht. Dies ist aber kein Selbstläufer. Der Lehrer ist der hauptverantwortliche für das Klima in der Klasse. Wie kann man das nun praktisch umsetzen?

### 10.2 Reversibilität im Unterrichtsalltag

„Die Beliebtheit und damit auch die positive Wirkmöglichkeit der Lehrer hängen entscheidend davon ab, ob sie sich den Schülern gegenüber reversibel verhalten und ob sie diesen in emotionaler Wärme zugewandt sind. (Oerter / Weber: „Der Aspekt des Emotionalen in Erziehung und Unterricht" S 232)

Allein schon in der Sprache des Lehrers zeigt sich, wie sein Verhältnis zu den Schülern aufgebaut ist. Herrscht ein Befehlston vor, fehlen wichtige Höflichkeitsformen und kommen auch mal geringschätzige Bemerkungen dazu, so wird das Verhältnis Lehrer-Schüler nicht gerade vorbildlich wirken. Das Lehrerverhalten und die Lehrersprache sollten immer höflich sein, keine abwertenden Kommentare beinhalten, die Schüler als gleichwertige Partner akzeptieren und auf einer echten Vertrauensbasis beruhen. Nur so erreicht man in der Klasse ein fruchtbares emotionales Klima, das eine wichtige Voraussetzung dafür ist, dass sich die Schüler wohl fühlen, dass sie aktiv im Unterricht mitarbeiten und dann entsprechende Leistungen erbringen.

## 10.3 Einsatz von Lob und Tadel

Im Skikurs, der ja auch durch ein Lehrer-Schülerverhältnis gekennzeichnet ist, gibt es klare Regeln für die Korrektur des Schülerverhaltens. Bei jeder Verbesserung wird zuerst ein Lob ausgesprochen und dann erst folgt in wohlwollender Sprache die Korrektur nur eines Fehlers. Auch in der Schule sollte es grundsätzlich so sein, dass das Lob im Vordergrund steht. Der Schüler wird in seinem Verhalten bestärkt und motiviert und das Klima in der Klasse verbessert sich ständig. Kritik muss man auch üben, aber in ruhiger sachlicher Form, ohne den Schüler zu blamieren. Bei schwerwiegenden Korrekturen bevorzuge ich immer das Einzelgespräch auf Augenhöhe. Ja, und auch der Lehrer kann Fehler machen. Ich habe damit kein Problem und kann das dann auch vor der Klasse eingestehen, dass ich einen Fehler gemacht habe. Das macht menschlich und wirkt sich positiv auf das Vertrauensverhältnis zwischen Lehrer und Schüler aus.

## 10.4 Klassenklima und Motivation

Damit sich die Schüler in der Klasse und im Unterricht wohlfühlen, müssen sowohl die Lehrer als auch die Schüler ihren Beitrag leisten. Eine gezielte Motivation hilft dabei. Man muss das „Wir" in den Vordergrund stellen und die Schüler dazu motivieren an einer guten Gemeinschaft täglich zu arbeiten. In einer Abschlussklasse stand eines Tages kurz vor der Prüfung in Farbe am Whiteboard „ Wir schaffen es alle." Das zeigte mir, dass die Schüler den Sinn einer Klassengemeinschaft verstanden hatten. Dieses „Wir-Gefühl" und das gegenseitige Helfen wirkten sich auch positiv auf die Leistung aus. Die Schüler zeigen Freude am Lernen, haben Spaß an der Leistung und Lust auf Erfolg. Ich versuchte immer meine Schüler mit dem Text eines alten bekannten Popsongs von Jimmy Cliff zu motivieren. „You can get it if you really want—but you must try. „ Jeder von euch kann alles erreichen, wenn er es versucht. Um gut in Mathematik zu sein, braucht man nicht unbedingt eine besondere Begabung. Man muss sich damit beschäftigen, dann ist alles möglich.

## 10.5 Emotionale Gleichbehandlung

Es ist fatal für die Gemeinschaft, wenn der/die Lehrer*in, gleich in welcher Form, Schüler bevorzugt oder andere vernachlässigt. Die Schüler haben ein Gespür für solche negativen Verhaltensweisen und reagieren dann mit

Ablehnung. Also versucht man ständig für alle gleich gerecht zu sein aber auch konsequent. Dies trägt auch zu einer partnerschaftlichen, vertrauensvollen Zusammenarbeit bei und das Wohlfühlklima in der Klasse ist gegeben. Besonders bei der Korrektur von Probearbeiten muss diese Konsequenz sichtbar sein. Hier wäre es natürlich kontraproduktiv, wenn man gleiche Leistungen unterschiedlich bewertet. Aus den zu Beginn aufgezeigten Schüleräußerungen zum Unterrichtsklima möchte ich zu diesem Punkt noch einige Schülerzitate anführen, die auch untermauern, wie wichtig die Gleichbehandlung und die Motivation für das Klassenklima sind.

Joshua: „Sie haben es immer verstanden, unsere Stärken zu erkennen, diese zu fördern und auch zu fordern, aber auch die Schwächeren unter uns haben sie nicht links liegen gelassen. Sie haben uns immer fair behandelt."
(Abschlussbuch 2016)

Janete: „Obwohl ich mich nie im Matheunterricht melde, haben sie trotzdem gewusst, welche Aufgabe ich nicht verstanden habe. Die haben sie mir dann auch erklärt." ( Abschussbuch 2016)

Sebastian: „ Ich möchte mich bei Ihnen für die tolle Zeit in den letzten zwei Jahren bedanken. Vor allem dafür, dass Sie uns immer motiviert haben weiter zu machen, niemals aufzugeben und somit unsere Ziele für die Zukunft anzustreben und zu erreichen." (Abschlussbuch 2016)

Felix: „Ich hoffe, dass es mir gelingt, meinen Job so wie Sie mit Freude, Einsatz, Witz und dennoch mit der nötigen Ruhe ausüben zu können." (Abschlussbuch 2016)

## 10.6 Rituale und Aktionen, die das emotionale Klima in der Klasse verbessern

Wie schon erwähnt, muss man für ein gutes Klassenklima aktiv sein, das betrifft sowohl den/die Lehrer*in  als auch die Schüler. Zu Beginn des Schuljahres stand in meinen Klassen immer das Projekt  „Das fliegende Ei" an, das ich schon genauer beschrieben habe. Hier beginnt die Teambildung in der Klasse. Es sollten aber keine dauerhaften fest zementierten Gruppen gebildet werden. Sinnvoll ist es, dass man immer wieder die Gruppen neu aufstellt, damit das „Wir-Gefühl" nicht auf die Gruppe beschränkt ist, sondern für die ganze Klasse gilt. Auch bestimmte Rituale fördern das Team besonders. Hat ein Schüler etwas besonders gut erledigt oder auch eine Gruppe, dann gibt es nicht nur lobende Worte sondern auch ein motivierendes Abklatschen untereinander und natürlich auch mit dem Pädagogen, der ja immer ebenso ein Teil der Klassengemeinschaft sein sollte. Daneben habe ich auch einen sogenannten Klassenkreis eingeführt. Nach einer ansprechenden Leistung der Klasse, nach Abschluss eines Projektes, nach einer gelungenen Betriebserkundung aber auch nach einer erfolgreichen Probearbeit oder Prüfung kommt die Klasse mit dem/der Lehrer*in zu einem Kreis zusammen. Ähnlich wie es auch die Profihandballer oder Fußballer praktizieren, legt jeder einen Arm um seine beiden Nachbarn. Der Klassensprecher, oder auch ein anderer Schüler und auch der/die Lehrer*in sprechen nochmal an, was so gut gelungen ist. Dann gibt es einen Schlachtruf und zum Schluss noch die „La Ola." Dieses Ritual durfte nie mehr vergessen werden. Die Schüler forderten dann diesen Kreis immer wieder und haben alles dafür getan, dass es wieder einen Grund zum Jubeln gab. Der Gemeinschaftssinn wurde so erheblich gestärkt und die Hilfsbereitschaft, wenn ein Schüler Probleme hatte, war überwältigend. Man wollte ja als Klasse gut dastehen.

### 10.7  Die emotionale Rolle der Lehrers

Der/die Lehrer*in nimmt eine wichtige Stellung im Sozialgefüge der Klasse ein. Nur wenn er die nötigen sozialen Kompetenzen besitzt kann die Lernumgebung positiv gestaltet werden.

„Was die Schule von morgen fördern muss, sind sozial- emotionale Kompetenzen, Kreativität, das Zusammenarbeiten im Team, auch fächerübergreifend." (Lorenz Kupfer, Microsoft in Bay. Schule  30.01.2020).

Aus den folgenden Ratschlägen  „Vom Fischen"  kann man gut die sozialen Anforderungen an einen guten Lehrer herausinterpretieren.

## Vom Fischen…. (nach Bror Jonzon,Schweden)

1. Es zählen die Fische, die man gefangen hat- nicht diejenigen, die man beeindrucken oder erschrecken konnte.

2. Es ist ausgeschlossen einen Fisch zum Anbeißen zu zwingen. Er muss von sich aus kommen.

3. Ruhe ist wichtig. Spricht man zu viel oder bewegt man sich unnötig, so ergreifen die Fische die Flucht.

4. Wer das Fischen nicht liebt, kann nie ein guter Fischer werden.

5. Manche Fischer nehmen immer den gleichen Köder, ungeachtet der Fischart, die sie fangen wollen.

6. Man muss die Angel dort werfen, wo die Fische sind. Manche Leute ziehen es vor, sich bequem am Ufer niederzulassen, statt sich auf die glitschigen Felsen zu wagen oder in die Mitte der Strömung.

Man kann diese Sprüche auf die Schulsituation übertragen und interpretieren.

1)Der/die Lehrer*in muss die Schüler erreichen,  eine emotionale Beziehung zu ihnen aufbauen, die von gegenseitiger Wertschätzung geprägt ist.

2)Das Ganze geht nie mit Zwang, sondern nur mit Geduld und guten Argumenten und umfangreicher Motivation.

3)Eine notwendige Ruhe in der Klasse ist von Seiten des Lehrers  aber auch bei den Schülern  eine unabdingbare Voraussetzung für einen erfolgreichen Unterricht.

4)Der/die Lehrer*in soll flexibel sein, jeder Schüler hat einen anderen Charakter und muss darum entsprechend seiner Anlagen, seiner Wünsche und seiner Einstellungen behandelt werden.

5)Als Lehrer*in sollte man immer wieder sein Verhalten kritisch betrachten und neue Ideen und Methoden ausprobieren.

Celina: „Wir haben Ihren Unterricht allgemein  immer genossen, da Sie eine sehr angenehme und ruhige Art haben. Sie haben auch nie geschimpft, aber man hat immer sofort gemerkt, wenn wir Sie enttäuscht haben."
(Abschlussbuch 2016)

Dem/der Lehrer*in kommt also im emotionalen Bereich eine zentrale Rolle zu. Er ist in erster Linie verantwortlich für das soziale Gefüge in der Klasse. Er vermittelt den Schülern Lebenskompetenzen, nicht nur ständig Formeln und Lernstoff. Um das ordentlich zu erreichen wird vorausgesetzt, dass auch der/die Lehrer*in diese Kompetenzen verinnerlicht hat.

**Persönliche soziale Kompetenzen des/der Lehrers*in (Lebenskompetenzen)**

-Teamfähigkeit

-Höflichkeit und Freundlichkeit

-Gewissenhaftigkeit und Zuverlässigkeit

-Toleranz in jeder Beziehung

-Ruhe und Gelassenheit ausstrahlen

-fähig sein zu aufbauender Kritik und zu Selbstkritik

-Gleichbehandlung aller Schüler

-Flexibilität und Mut zum Experimentieren

-Lust und Freude am Erfolg anstreben

Wenn also der/die Lehrer*in diese Kompetenzen vorleben kann, werden die Schüler im Laufe der Zeit viele dieser sozialen Einstellungen übernehmen. Das ganze führt zu sozialfähigen, leistungsmotivierten, teamfähigen und kritischen jungen Menschen.

Rebekka: „Sie haben uns neben dem Lernstoff gezeigt, dass Humor, Offenheit und Freundlichkeit wichtige Aspekte des Lebens sind. Sie waren immer präsent und hatten stets ein offenes Ohr für Fragen, Probleme und Schwierigkeiten aller Art." (Abschlussbuch 2016)

## 11. Kernaussagen internationaler Studien

### 11.1 Die Pisa - Studie

In der Pisa – Studie wurde getestet, wie Schüler das gelernte im Unterricht in verschiedenen Alltagssituationen anwenden können. Da Deutschland bei dieser Studie nur im Mittelfeld rangierte, sprach man vom Pisa-Schock. Finnland stand in vielen Bereichen im Jahre 2001 an der Spitze. Also wollte man wissen, wie Finnland diese guten Ergebnisse erreicht hat. Nach Dr. Christine Sälzer("Schule und Wir" Nr. 3 2015, S. 22 ff) hat man in Finnland ab dem Jahr 2000 das Schulsystem umgestellt und man glaubte, dass diese Umstellung der Grund für diese guten Ergebnisse war. Tatsächlich hat Finnland in den folgenden Pisa-Tests deutlich schlechter abgeschnitten. Die Veränderungen im System wirken sich erst nach einigen Jahren aus. Also liegt der Schluss nahe, dass die guten Ergebnisse auf das alte System zurückzuführen waren, das sich stark lehrerzentriert darstellte.

„Wir haben festgestellt, dass das System nicht so wichtig für den Schulerfolg ist, wie viele denken. Der Lehrer sollte seine Rolle als zentrale Person wahrnehmen, auch durchaus hohe Erwartungen an die Schüler haben. Wichtig sind also die Lehrerkompetenz und auch die Lehrer – Schülerbeziehung. Wenn der Lehrer auf die Interessen der Schüler Rücksicht nimmt und seinen Beruf gerne ausübt, dann macht er ihn auch gut" (Dr. Christine Sälzer, „Aus PISA die richtigen Schlüsse ziehen" in Schule und Wir Nr.3/2005, Seite 25)

Daraus geht auch wieder klar hervor, dass der/die Lehrer*in eine überaus wichtige Rolle im Lernprozess und im emotionalen Gefüge der Klasse spielt und das sollte für jede Lehrkraft Priorität haben.

## 11.2 Die Hattie Studie

„ Kleine Klassen bringen nichts, offener Unterricht auch nicht. Entscheidend ist: Der Lehrer, die Lehrerin." Martin Spiewak „Ich bin super wichtig" über Hattie John in „Zeit Online/ Schule"N.2, Seite 1,( www.zeit.de/2013). Mit mehr als 50000 Einzeluntersuchungen und mit 250 Millionen Schülern hatte Hattie Unterrichtsmethoden und Lernbedingungen untersucht und kam zu diesem überraschenden Ergebnis. Er rückt also wieder den/die Lehrer*in den Mittelpunkt des schulischen Erfolges. Nach Hattie ist der Lernzuwachs nicht zwischen verschiedenen Schulen auszumachen, sondern zwischen einzelnen Klassen. Wie gut die Schüler lernen bestimmt der einzelne Pädagoge. Die Schüler müssen verstehen, was der/die Lehrer*in von ihm will, er muss erkennen, worauf es in dieser Schulstunde ankommt. Für

Hattie darf der/ die Lehrer*in kein bloßer Lernbegleiter sein, sondern er muss sich als Aktivator verstehen, der eine Klasse in Griff und jeden einzelnen stets im Blick hat. (Martin Spiewak,s.o. „Ich bin super wichtig" S. 3 /www.zeit.de/ 2013) Nach Martin Spiewak rückt Hattie den/die Lehrer*in wieder ins Zentrum allen Redens über Schule, er/sie ist der Hauptverantwortliche dafür, was Schüler lernen. Ähnlich wie Dr. Christine Sälzer in ihrer Interpretation über die Pisa-Studie sieht auch Hattie den/die Lehrer*in als den wichtigsten Faktor im Lernprozess an. Auch in all meinen Bemühungen stellte ich fest, dass vom Engagement des Lehrers ein Großteil des Unterrichtserfolges abhängt.

## 11.3 Die TIMS-Studie und SINUS

Die TIMS-Studie 2007 ( Trends in International Mathematics and Science Study) führte zu einem ähnlichen Schock für das deutsche Bildungswesen wie die Pisa-Studie. Man stellte bei deutschen Schülern*innen erhebliche, alarmierende Defizite in Mathematik und naturwissenschaftlichen Fächern fest. Als Reaktion darauf wurde von der Bund-Länder-Kommission für Bildungsplanung und Forschungsförderung (BLK) das SINUS-Programm gestartet.

„Im Rahmen des Programms soll ein kontinuierlicher Prozess der Sicherung und Optimierung der Qualität des mathematisch-naturwissenschaftlichen Unterrichts auf der Ebene der Schulen in Gang gesetzt werden." („Weiterentwicklung des mamathematisch-naturwissenschaftlichen Unterrichts" KM Bayern, S. 10 , München 2002). Man hatte folgende Probleme im mathematisch-naturwissenschaftlichen Unterricht erkannt:

-im Vordergrund steht das mathematische Ergebnis

-der fragend-entwickelnde Unterricht ist die Hauptunterrichtsmethode

-die Selbsttätigkeit der Schüler nimmt zu wenig Raum ein

-keine Gelegenheit Fehler zu machen

-mangelnde Variation der Übung

-geringe Methodenkompetenz des Lehrers

-isoliertes Wissen ohne Nachhaltigkeit

(Weiterentwicklung des mathematisch-naturwissenschaftlichen Unterrichts, Problemzonen, Seite 12 ff)

Das SINUS – Programm stellte nun Maßnahmen in verschiedenen Modulen zusammen, die gegen diese Probleme Abhilfe schaffen sollten.

-Weiterentwicklung der Aufgabenkultur

-aus Fehlern lernen

-verständnisvolles Lernen auf unterschiedlichen Niveaus

-Sicherung des Basiswissens

-Kumulatives Lernen

-Entwicklung von Aufgaben für die Kooperation von Schülern

-Verantwortung für das eigene Lernen stärken

-selbständiges Beschaffen von Informationen

(Nach Maßnahmen zu einer Weiterentwicklung des mathematisch-naturwissenschaftlichen Unterrichts , Seite 16 ff )

Viele dieser positiven Forderungen habe ich auch in meinen Unterricht aufgenommen. Entscheidend ist meiner Ansicht nach aber auch die praktische Umsetzung im Unterricht. Hier ist experimentieren auch mit Versuch und Irrtum angesagt. Die ganzen umfangreichen Bemühungen habe sich deutlich fördernd auf die Arbeitseise, das Verständnis von Mathematik und die Lernbereitschaft der Schüler*innen ausgewirkt. Und natürlich der wichtige Effekt: Nachhaltiges, im Gedächtnis verankertes Grundwissen und sehr gute Leistungen.

## 12. Arbeit mit dem PC und dem Whiteboard

Sehr früh, im Jahre 2010, wurde schon in Abensberg, Dank eines sehr aufgeschlossenen Stadtoberhauptes, auf E-Learning und Digitalisierung gesetzt. In allen 9. und 10 Klassen bekam jeder/jede Schüler*in einen eigenen PC und jede Klasse ein Whiteboard. Die PC`s wurden in einer

Ladestation im Klassenzimmer aufbewahrt. Sie durften auch zuhause benutzt werde, für Hausaufgaben, Recherchen und Vorbereitungen für Referate.

Ein absolut fortschrittliches Medium stellt das Whiteboard dar. Viel wichtige Dinge, auch für den Mathematikunterricht, sind in der Tafel integriert: Zirkel, Lineal, Geodreieck, Winkelmesser, Parabeln, verschiedene Flächen, und verschiedene Körper im farbigen 3-D-Format. Viele geometrische Zusammenhänge lassen sich als Animation besser darstellen als auf einer herkömmlichen Tafel. Auch die Dokumentenkamera kann man immer wieder gut einsetzen. Die Tafel steht ständig in Verbindung mit dem Internet, sodass man ganz schnell wichtige mathematische Zusammenhänge in einem Video oder in einer Animation herunterladen kann. Für weitere Übungsaufgaben kann auch der PC gut verwendet werden. Allerdings werden die Aufgaben nur sehr selten der neuen Aufgabenkultur gerecht. Den/die Lehrer*in kann diese Technik, so gut sie auch ist, nicht ersetzen. Dabei fehlen die Flexibilität, die Motivation, das persönliche Lob, die Anpassung an die jeweilige Schülersituation und der emotionale Bezug.

## 13. Zusammenfassung

## 13.1 Worauf es wirklich ankommt

-der Lehrer ist der Hauptverantwortliche

  für das Lernen

-Methodenkompetenz

-Lebenskompetenzen vermitteln

-fördern und fordern, Motivator sein       **Der Lehrer**

-emotionale Beziehungen schaffen

-selbständiges, eigenverantwortliches

  Lernen ermöglichen

-Wiederholung in Intervallen

-Klassenklima fördern

-selbständig arbeiten

-den Sinn und das Ziel des Tuns erkennen

-selbstverantwortlich handeln

-Teamfähigkeit

-in der Klasse zusammenhalten                    Die Schüler

-Verantwortung für das Lernen übernehmen

-aus Fehlern lernen

-Freude am Erfolg haben

-Lust auf Erfolg haben


## 13.2 Die Veränderungen in den drei Ebenen

Wie eingangs erwähnt habe ich mir vorgenommen in meiner Unterrichtsarbeit in drei Ebenen etwas zu verändern.

-in der methodisch- didaktischen Ebene

-in der inhaltlichen Ebene

-in der emotionalen Ebene

Nach den ganzen Reaktionen von Seiten der Schüler, von den Eltern und Kollegen*innen habe ich, auch kritisch betrachtet, meine Ziele doch erreicht. Der Unterricht ist interessanter geworden, das Klassenklima verbesserte sich erheblich und die Leistungskurve der Schüler*innen zeigte deutlich nach oben. Die Schüler*innen gingen mit Freude in den täglichen Unterricht und auch ich war begeistert von dem neuen Schwung, der nun herrschte. Ich kann nur allen Kollegen*innen empfehlen den Unterricht in diese beschriebene Richtung umzustellen.

Elisabeth: „Ich ging jeden Tag gerne in die Schule und hatte Angst, wenn ich nicht in der Schule war, dass ich was verpasse" (Abschlussbuch 2014)

## 13.2.1  Die methodisch-didaktische Ebene

Zusammenfassung:

Selbständiges Lernen                    Eigenverantwortliches Lernen

Heute habe ich gelernt                                    Trainingsband

Entdeckendes Lernen

# Methodisch- didaktische

Verbalisieren            **Maßnahmen**            Was muss ich können

Visualisieren                                              Beispielheft

Expertenrunde                                             Zettelbox

Ich-du- wir  Methode

Mit Arbeitsaufträgen zur Erkenntnis

Stationsarbeit

## 13.2.2 Die inhaltliche Ebene

Zusammenfassung:

Aufgaben mit Arbeitsaufträgen

Offene Aufgaben

Aufgabenwerkstatt

Rätsel

Projektaufgaben

fehlerhafte Aufgaben

# Neue Aufgabenkultur

unterbestimmte

Aufgaben

$t * v = s$

| | t [h] | v [km/h] | s [km] |
|---|---|---|---|
| 1. Teilstrecke | 0,25 | 17 | |
| 2. Teilstrecke | | ? | 10 |
| Gesamtstrecke | | 22,5 | |

überbestimmte Aufgaben

Aufgaben zum

Messen und Schätzen

Aufgaben zum Staunen

Fermi aufgaben

Aufgaben mit Spaßfaktor

### 13.2.3 Die emotionale Ebene

Zusammenfassung:

Positive Atmosphäre schaffen

Emotionale Wärme                                    Respekt haben


nur reversible Äußerungen zulassen


Wertschätzung                                    Vorbild sein


# Emotionen und Klassenklima

Lob und Tadel                                    Gleichbehandlung
einsetzen                                         aller Schüler

„Wir-Gefühl" stärken                             Teambildungsmaßnahmen


Wir schaffen es gemeinsam


Wir können alles erreichen                       Gemeinsame Rituale


Vertrauensbasis schaffen

## 14. Die Prüfungsvorbereitung

Der logische, letzte Schritt der Wiederholung in abgestimmten Intervallen ist die Vorbereitung auf eine Prüfung. Auch hier sollte man systematisch vorgehen, um den Schülern*innen die bestmöglichen Chancen auf eine gute Note zu ermöglichen. Weil die Prüfungsvorbereitung ja auch eine Menge Zeit in Anspruch nimmt, versuchte ich schon während des ganzen Jahres in den Sachfächern PCB, GSE und AWT Zeit zu gewinnen. Der Stoff in diesen Fächern wurde sehr zielstrebig und konsequent abgearbeitet, so dass mehrere Wochen vor der Prüfung alle Lernziele geschafft waren. Die freiwerdende Zeit investierten wir in die Prüfungsvorbereitung in den Hauptfächern Mathematik und natürlich auch in Deutsch. Die gesamte Prüfungsvorbereitung in Mathematik habe ich in drei Phasen eingeteilt.

## 14. 1 Erste Phase

Im ersten Teil wiederholten wir gezielt nur Aufgaben eines Lernzieles wie z.B. „Lösen von Gleichungssystemen." Mit sogenannten Grundaufgaben und später auch mit alten Prüfungsaufgaben wurden immer nur Aufgaben des gleichen Lernzieles gelöst. Das brachte den Vorteil, dass man schnell und folgerichtig diese Aufgabengruppe wieder vollständig beherrschte. So beschäftigten wir uns dann weiter in 7-10 Tagen mit allen Lernzielen, die in der 10. Klasse prüfungsrelevant waren. Damit standen die Schüler schon mal auf einem guten Niveau für die zweite Phase.

## 14.2 Zweite Phase

Jetzt wurden schon komplette Prüfungsaufgaben der letzten Jahre verwendet. Vom Umfang und von den Anforderungen her war das eine klare Steigerung. Was sich als besonders vorteilhaft erwies war, dass ich zu allen ehemaligen Prüfungsaufgaben auch gleich auf den Vorlagen die Zwischenergebnisse und dazu die Endergebnisse mitlieferte. Die Schüler*innen konnten so stets sehr selbständig arbeiten, denn sie kontrollierten sofort, ob sie mit ihren Lösungen richtig lagen. Diese Phase dauerte ca. eine bis zwei Wochen. Hier war auch noch das Helfersystem möglich, also die gegenseitige Hilfe bei einem Problem. Und schließlich wechselten wir dann in die letzte und entscheidende Phase.

## 14.3 Dritte Phase

Bei dieser Phase wurden Prüfungsaufgaben aus den letzten 10 Jahre ausgewählt. Es gab keine Ergebnisse mehr und auch das Helfersystem wurde ausgesetzt. Nun sollten die Schüler*innen in einer echten Prüfungssituation die Aufgaben lösen. Es gab auch ein Zeitlimit. Nach Ende der vereinbarten Zeit kontrollierten wir die Ergebnisse. Diese unmittelbare Rückmeldung erwies sich als sehr fruchtbar. Man hat sich eingehend mit der Lösung beschäftigt und sieht dann sofort, ob man richtig lag, oder wo man einen falsche Richtung eingeschlagen hatte. Die Zwischenlösungen und Lösungen bekamen jeweils Punkte, nach Anleitung aus dem Lösungsheft. Die Punkte führten zu zwei bedeutenden Vorteilen: Erstens brachten sie eine gesteigerte Motivation mit sich, um möglichst viele Punkte zu erreichen. Zweitens konnte ich dann bei der Korrektur am Nachmittag über diese Arbeit leichter eine Fehleranalyse erstellen. Darauf werde ich im nächsten Punkt noch genauer eingehen. Nachdem die Klasse in dieser Phase so zwischen 12 und 15 Prüfungsaufgaben in einer prüfungsähnlichen Situation absolviert hatte, erreichten bei den letzten 3-4 Prüfungsaufgaben die meisten Schüler eine Punktezahl, die sich deutlich im Bereich der Note Eins  einpendelte. Die so vorbereiteten Schüler freuten sich auf die Prüfung. Eine Prüfungsangst war nie erkennbar. Die überragenden Prüfungsergebnisse stellten für die Schüler und natürlich auch für mich  keine Überraschung dar.

## 14.4 Fehleranalyse

Dadurch, dass von den Schülern eigentlich immer sehr korrekt alle Aufgaben und Teilaufgaben mit Punkten versehen wurden, war eine Fehleranalyse nicht besonders schwierig. Aus der Klassenliste stellte ich mit den einzelnen Aufgaben eine Strichliste auf. Wenn eine Teilaufgabe, falsch gelöst wurde, notierte ich das mit einem Strich beim betreffenden Schüler. Am Ende der Korrektur ergab sich daraus eine genaue Übersicht: Welcher Schüler und wieviele Schüler hatten bei welcher Aufgabe bzw. Teilaufgabe ein Problem? Ich teilte auch die Fehler in Leichtsinnsfehler, in Rechenfehlern und in Systemfehler ein. (Leichtsinnsfehler: Fehler beim Übertrag, etwas vergessen haben, einen Schreibfehler ….) (Rechenfehler: Fehler beim Vorzeichen, Klammerfehler, Einsetzfehler, ….) (Systemfehler:

fehlerhafter Ansatz, falscher Lösungsweg,….). Bei der Besprechung am nächsten Tag stand die Berichtigung der Fehler an. Ich konnte durch die Fehleranalyse genau ermitteln, welche Aufgaben, bzw. Teilaufgaben von der Klasse fehlerhaft gelöst wurden. Diese Aufgaben, vorwiegend mit einem falschen Lösungsweg, wurden dann genau besprochen. Folgende Fragen halfen dabei enorm: Wo wurde der Fehler gemacht? Warum kam es zu dem Fehler? Wie kann ich das beim nächsten Mal besser machen? Die Schüler verbesserten dann die fehlerhaften Aufgaben schriftlich. Im Laufe der Prüfungsvorbereitung verringerten sich die Anzahl der fehlerhaften Aufgaben erheblich. Da mit diesem System auch eine Fehleranalyse für jeden einzelnen Schüler möglich war, beschäftigte ich mich dann auch mit den Fehlern der einzelnen Schüler im Einzelgespräch. Um Fehler in Zukunft zu vermeiden, machte ich dann die Schüler*innen mit verschiedenen Lerntipps und Merkhilfen vertraut.

Fehler bei den Strahlensätzen:   Mit Farbe arbeiten!

rot : rot = grün : grün

**(visualisieren)**

Fehler in der Trigonometrie: „Lady GAGA"

-hier kann ich ablesen, welchen Satz ich verwenden muss

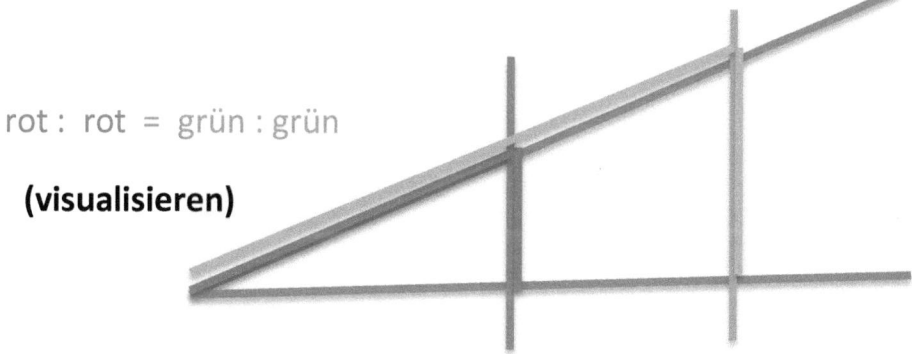

| Sin | cos | tan | cot |
|-----|-----|-----|-----|
| G | A | G | A |
| H | H | A | G |

Lösungsplan aufstellen bei Gleichungssystemen:

Vater     5x + 2

Mutter   5x        90

Sohn      x

Fehler in der Bruchgleichung: über Kreuz multiplizieren

$$\frac{3}{2x-1} \diagdown\!\!\!\diagup \frac{7}{4x-2}$$

Wenn ich kein rechtwinkeliges Dreieck habe, dann mache ich mir eins:

(Dieser Spruch stand sogar bei einer Klasse auf dem Abschlussshirt)

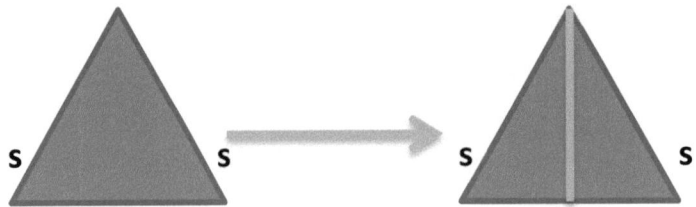

S           S         S         S

POKLAPS:

Gibt die Reihenfolge der Rechenoperationen an. Zuerst Potenz-Klammer-Punkt-Strich.       $4 \cdot 2x + (2x+2)^2 - 10$

Quadratische Ergänzung:

Addiere das Quadrat der halben Vorzahl von x und subtrahiere den Wert.

$$Y = x^2 + 2x + 3$$

$$Y = x^2 + 2x + 1^2 + 3 - 1^2$$

$$Y = (x+1)^2 + 2$$

Rechnen mit dem Logarithmus: Verbalisieren

$4^x$ = 64 $\longrightarrow$ der Logarithmus von 64 zu Basis 4

= $\longrightarrow$ log 64 : log 4

Wahrscheinlichkeit:

Baumdiagramm... senkrecht ein Pfad = ein Ereignis $\longrightarrow$ dann werden die Möglichkeiten multipliziert.

Mehrere Pfade gehören zum gleichen Ereignis, Pfade $\longrightarrow$ addieren

Strahlensätze:

$$\frac{gro\beta}{gro\beta} = \frac{klein}{klein} \qquad \frac{gro\beta}{klein} = \frac{gro\beta}{klein}$$

Fehler bei binomischen Formeln: Pfeile einzeichnen, visualisieren!

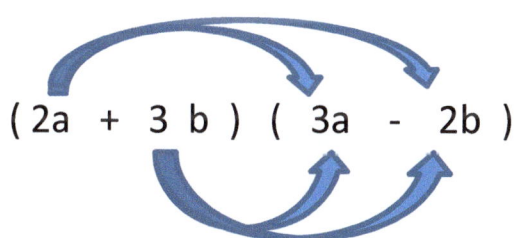

( 2a + 3 b ) ( 3a - 2b )

Fehler beim Höhensatz:

(visualisieren)

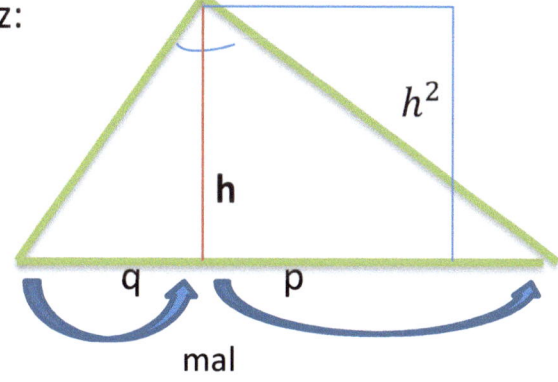

## 15. Anhang

Im letzten Punkt möchte ich noch kurz eine Power Point Präsentation zu diesem Thema vorstellen, so wie ich diese in einer Lehrerfortbildung vorgeführt habe.

**Folie 1**

# Nachhaltigkeit im Mathematikunterricht

-Lernen und nicht vergessen

-Lernen und Spaß haben

-Vorbereitung auf die Prüfung

**Folie 2**

Ergebnisse aus dem Schulleistungsvergleich

Humboldt Universität Berlin

## Osten schlägt Westen

„Die Leistungsunterschiede zwischen den Bundesländern-

neben der Herkunft der Schüler-  sind zum großen Teil auf

den Unterricht der Lehrer zurückzuführen."

-der Schüler ist  nicht begabt                    diese Aussagen

-die Unterstützung in der Familie fehlt       sind Tabu!

Was ist im Osten üblich:

-tägliche Übungen

-Stoff des Vorjahres wiederholen          festes Ritual

-trainieren des Basiswissens

Aus der Süddeutschen Zeitung: „Osten schlägt Westen" vom 17.10.2013

**Folie 3**

Veränderungen im Unterricht sind dringend nötig

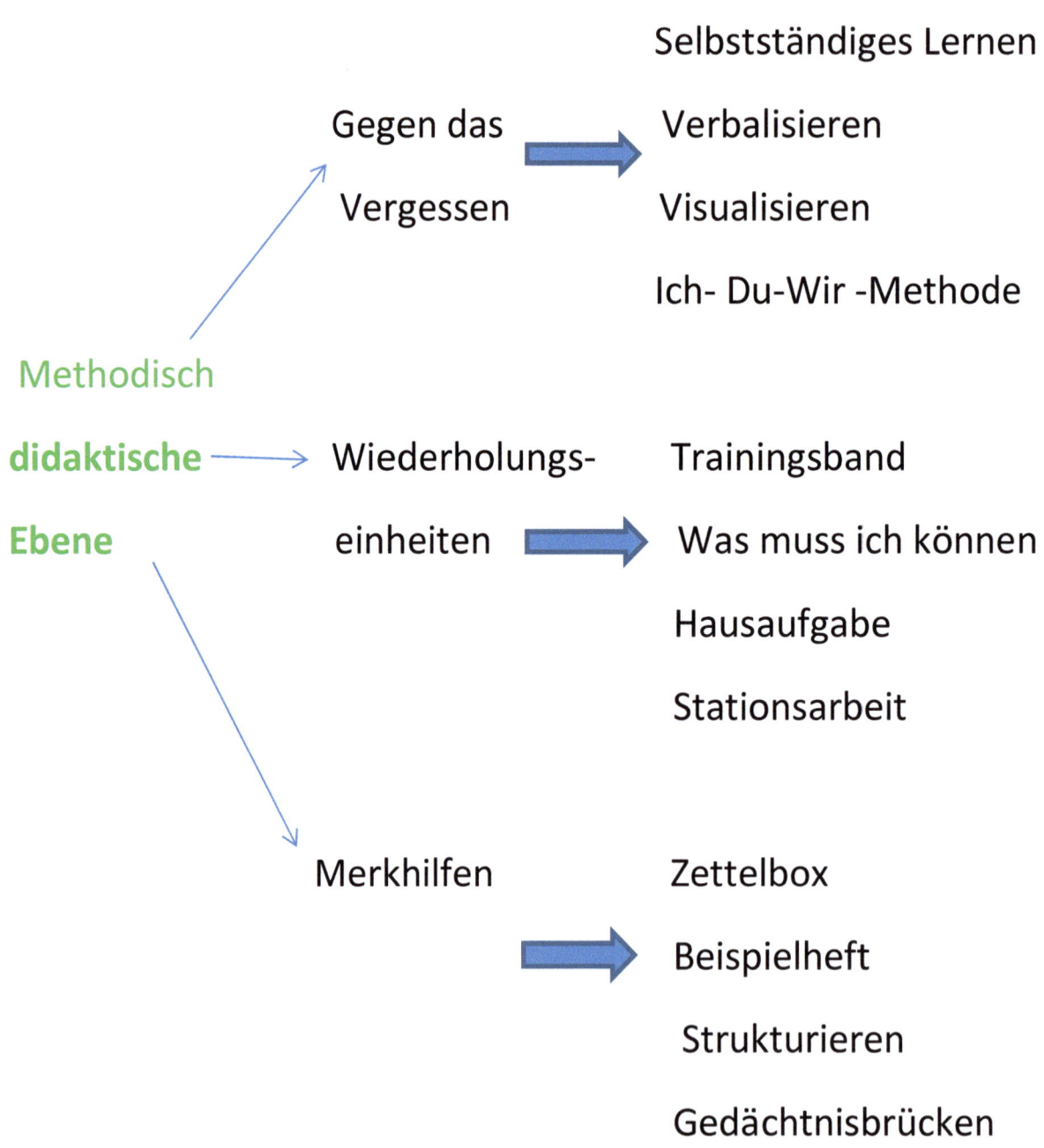

Selbstständiges Lernen

Gegen das     Verbalisieren

Vergessen     Visualisieren

Ich- Du-Wir -Methode

Methodisch

didaktische   &rarr; Wiederholungs-    Trainingsband

Ebene    einheiten    Was muss ich können

Hausaufgabe

Stationsarbeit

Merkhilfen    Zettelbox

Beispielheft

Strukturieren

Gedächtnisbrücken

Folie 4

Offene Aufgaben

Fermi Aufgaben

**Inhaltliche**

Projektaufgaben

**Ebene**

fehlerhafte Aufgaben

Aufgabenwerkstatt

Messen und schätzen

Überbestimmte und

unterbestimmte

Rätsel

Aufgaben

Aufgaben zum Staunen

Aufgaben mit Spaßfaktor

**Folie 5**

-positive Atmosphäre schaffen

-reversible Lehreräußerungen

-gegenseitigen Respekt zeigen

-Wertschätzung

-Vertrauensbasis schaffen

**Emotionale**

-Lob und Tadel richtig einsetzen

**Ebene**

-das Wir-Gefühl stärken

-alle gleich behandeln

-Teambildungsmaßnahmen

-gemeinsame Rituale

-Hilfsbereitschaft

-Helfersystem einführen

-gezielt motivieren

**Folie 6**

**Verständnisintensives Lernen**

**„Ich hätte viele Dinge begriffen,**

**hätte man sie mir nicht erklärt"**

**Definition von Kerstin Menzel:**

„Ich gebe den Kindern Methoden an die Hand, damit sie am Ende selbst eine Lösung erarbeiten können. Es geht in erster Linie nicht um richtige Rechnungen und Zeichnungen, sondern um intensive Auseinandersetzung mit dem Problem." ( Kerstin Menzel, siehe Literaturverzeichnis)

**Ablauf:** 1. Kernproblem ( Grundaufgabe)

2. Selbstständiges Erarbeiten mit Arbeitsaufträgen
3. allein, mit dem Partner, in der Gruppe
4. Präsentation der Ergebnisse
5. Erkenntnis; Merksatz; Formel
6. Verbalisieren der Erkenntnis
7. Visualisieren, wenn möglich

Lukas: "Heute habe ich den Pythagoras kennengelernt. Ich habe herausgefunden, dass die zwei Quadrate über den kleineren Seiten eines rechtwinkeligen Dreiecks genauso groß sind, wie das große Quadrat."

**Folie 7**

### Pythagoras

-führe folgende Arbeitsaufträge der

Reihe nach aus!

-die ersten 10 Min. sind Fragen verboten!

-dann kannst du dich mit deinem Nahbar besprechen!

**Arbeitsaufträge:**

1. Zeichne folgende Dreiecke: I ) a = 3cm, b = 4cm, c = 5cm

II ) a = 4cm, b = 5cm, c = 6,4cm

2. Vergleiche die Dreiecke, was stellst du fest?

3. Errichte mit dem Geodreieck die Quadrate über den Seiten a, b, und c bei beiden Dreiecken!

4. Berechne die Fläche der drei Quadrate vom ersten Quadrat und vergleiche die Flächen!

5. Verfahre ebenso mit dem zweiten Dreieck !

6. Erkläre den Zusammenhang und leite, wenn es möglich ist
eine Erkenntnis ab!

7. Formuliere einen Merksatz

## Folie 8

### Eine Gerade steht auf einer anderen senkrecht

Arbeitsaufträge:

1. Zeichne ein Koordinatensystem!
2. Zeichne die Gerade $g_1$:   $y = \frac{1}{2} x + 1$ !
3. Zeichne die Gerade $g_2$ , die durch den
   Punkt ( 3 / -2 ) geht und auf $g_1$ senkrecht steht!
4. Ermittle die Funktionsgleichung der Geraden $g_2$!
5. Vergleiche die beiden Funktionsgleichungen!  Was
   stellst du fest?
6. Kannst du eine Regel, einen Merksatz aufstellen?

## Folie 9

### Gleichungssysteme lösen

I)     $2x - y = 4$

II)    $6x - 2y = 16$

1. Löse beide Gleichungen nach y auf!

2. y = y ... dann müssen die anderen Seiten auch gleich
   sein. Setze also die beiden Terme gleich!

3. Löse eine Gleichung auf, indem du für x einen Wert errechnest!

4. Setze nun den x-Wert in eine Ausgangsgleichung ein und du erhältst den Wert für y!

**Folie 10**

### Tageszinsen berechnen

**Arbeitsaufträge:**

Kapital: 2400€,   Zinssatz  2,5 %., Laufzeit 126 Tage

1. Berechne die Zinsen für ein Jahr!
2. Berechne dann die Zinsen für einen Tag!
3. Das Geld lag aber 126 Tage auf der Bank!
4. Stelle einen Merksatz, eine Formel auf!

### Quadratische Gleichungen lösen

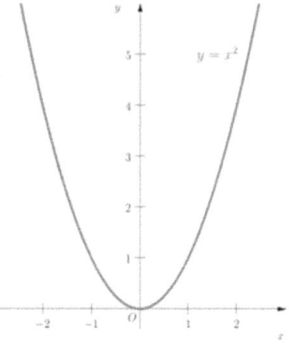

$$x^2 \; + \; 5\,x \; + \; 6 \; = \; 0$$

1. Ordne so, dass die Glieder mit x auf einer Seite stehen!

2. Addiere auf beiden Seiten das Quadrat der halben Vorzahl von x!

3. Bilde ein Binom :  $a^2 + 2\,ab + b^2 \longrightarrow ( a + b )^2$

4. Radiziere auf beiden Seiten!

5. Isoliere x und berechne dann y!

**Folie 11**

# Visualisieren

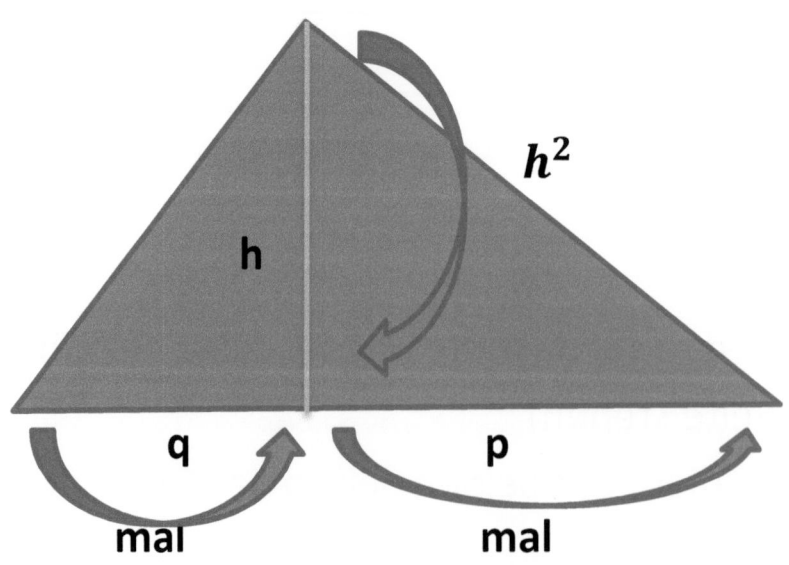

Pythagoras

Quadrat + Quadrat = Quadrat

90°

C

A

B

**Höhensatz**

$h^2$

h

q

p

mal

mal

**Folie 12**

**Kathetensatz**

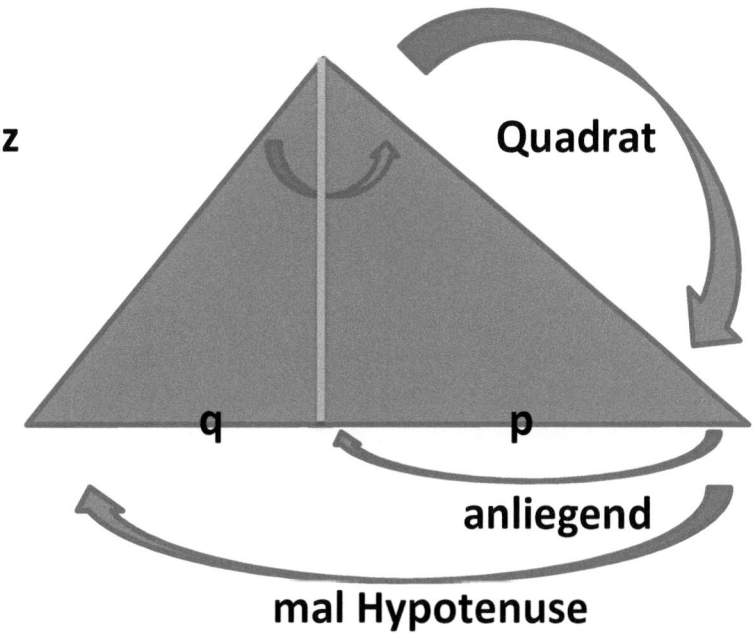

Quadrat

q          p

anliegend

mal Hypotenuse

**tan α**

AK          90          GK

α

**Binom**

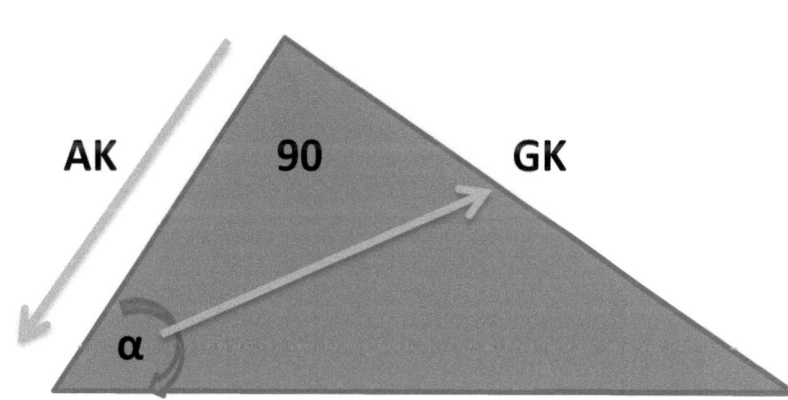

(3 a   + 4 )  ( 5   + 2 b )

**Folie 13**

**Binom**

| | $a$ | $b$ |
|---|---|---|
| $b$ | $ab$ | $b^2$ |
| $a$ | $a^2$ | $ab$ |

$a^2 + 2ab + b^2$

**Strukturieren**

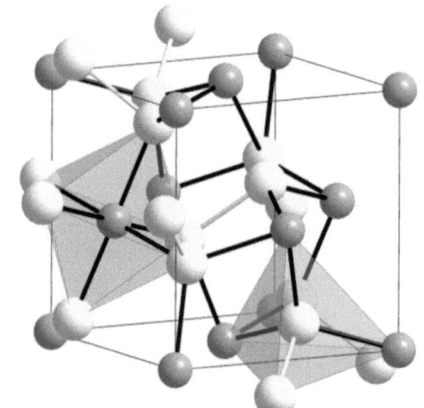

5x  +  5  =

5x  -  5  =

5x  ·  5  =

5x  :  5  =

5x  +  5x  =       x  +  x  =

5x  -  5x  =       x  -  x  =

5x  ·  5x  =       x  ·  x  =

5x  :  5x  =       x  :  x  =

$$4^3 \quad = 4 \cdot 4 \cdot 4 \qquad\qquad x^2 \quad + \quad x^2 \quad =$$

$$4^2 \quad = 4 \cdot 4 \qquad\qquad x^2 \quad - \quad x^2 \quad =$$

$$4^1 \quad = 4 \qquad\qquad x^2 \quad \cdot \quad x^2 \quad =$$

$$4^{\frac{1}{2}} \quad = 1{,}41 \qquad\qquad x^2 \quad : \quad x^2 \quad =$$

$$4^0 \quad = 1 \qquad\qquad 6x^2 \quad \cdot \quad 3x^2 \quad =$$

$$4^{-1} = \frac{1}{4^1} \qquad\qquad 12x^2 \quad : \quad 4x^2 \quad =$$

## Baumdiagramm

Kugeln

3 blaue

2 rote

1 weiße

markieren der Pfade mit Farbe!

**Zwei Züge, die Kugeln werden nicht zurückgelegt.**

**E 1 : mindestens eine rote Kugel**

| | |
|---|---|
| 1    K = 2800€ ,  p = 3,5%,  t = 240 d | |
| 2    K = 4000€,   p = 4,5% ,   Z = 60€ | |
| 3    K = 5000€,   Z = 64,50€  t = 180 d | |
| 4    p = 3%        Z = 136      t = 240 | |
| 5    K = 8400€    p = 2,5%      t = 4 Jahre<br><br>Kapital und Zinseszinsen ? | |
| 6    Kapital nach 5 Jahren mit Zinseszinsen<br><br>= 13911,13€ , Zinssatz 3 % , | |
| 7    $\dfrac{3}{x-2}$  =  $\dfrac{2}{x+3}$ | |
| 8    Das 3-fache einer Zahl multipliziert mit 4 ergibt<br><br>das Doppelte der Zahl vermehrt um 30. | |
| 9    $a^5 \cdot a^7 : a^4 =$ | |
| 10    $\dfrac{12\,a^5 \cdot 8\,b^3 \cdot 4\,a^2}{6\,b \quad \cdot \quad 4\,a^3}$ | |

| | |
|---|---|
| **1 Eine Stadt hatte vor 7 Jahren 20 000 EW**<br><br>**Die Einwohnerzahl stieg jährlich um 2,5%** | $W_0 \cdot q^n = W_n$<br><br>$20000 \cdot 1.025^7 = 23774$ |
| **2 Von 2007 ( EW 12400) bis 2010 verringerte**<br><br>**sich die EW-Zahl um Jährlich 1,5%** | $12400 \cdot 0{,}985^3 = 11850$ |
| **3 Eine Stadt hat heute 18062 EW. In den**<br><br>**letzten fünf Jahren stieg die EW- Zahl**<br><br>**jährlich um 2,2 %** | $W_0 \cdot 1{,}022^5 = 18062$<br><br>$W_0 = 1806 : 1.022^5$<br><br>$= 16200$ EW |
| **4 In wie vielen Jahren steigt ein Kapital**<br><br>**Von 3000€ bei 3,5 % auf 3950 € ?** | $3000 \cdot 1{,}035^x = 3950$<br><br>$3950:3000 = 1{,}316$<br><br>$\text{Log} 1{,}316 : \log 1.035 = 8$ J |
| **5 Eine Bakterienkultur(anfangs 20 Bakt.)**<br><br>**vermehrt sich jeder halbe Stunde um**<br><br>**12% . Bakterien nach 8 Stunden?** | 8 Stunden : 0,5 = 16<br><br>$20 \cdot 1{,}12^{16} = 122$ |
| **6   $( 2x + 3 )^2$** | $4x^2 + 12x + 9$ |
| **7     $9x^2 + \underline{\quad\quad} + 16 y^2$** | 24xy |
| **8   $( 3x - 4y )^2$** | $9x^2 - 24xy + 16y^2$ |

**Folie 17**

**Vorbereitung auf die Prüfung in drei Phasen**

Phase I

**-Prüfungsaufgaben mit Ergebnissen werden bearbeitet**

**-immer Aufgaben aus dem gleichen Bereich ( z.B. nur**

**Bruchgleichungen, dann nur Geraden  usw.  )**

**-Gruppen- Partner- Einzelarbeit**

Phase II

**-Komplette Prüfungsaufgaben mit Ergebnissen**

**-Einzel- und Partnerarbeit**

**-sofortiger Besprechung im Anschluss an eine Aufgabengruppe**

Phase III

**-Prüfungsaufgaben in Einzelarbeit, ohne Ergebnisse**

**-mit Zeitlimit, danach sofortige Korrektur (jeder Schüler)  mit**

**Punktvergabe/ mögliche Note**

**-Nachkorrektur durch den/die Lehrer\*in mit Fehleranalyse**

**-Besprechung der Klassenfehler/ Besprechung der individuellen**

**Fehler der einzelnen Schüler**

-Der Lehrer ist der Hauptverantwortliche für das Lernen

-Respekt und Wertschätzung für jeden einzelnen Schüler

-die Schüler immer fordern und den Leistungsstand kontrollieren

-verständnisintensives Lernen ermöglichen

-selbstständiges und entdeckendes Lernen einplanen

-aktive Auseinandersetzung mit dem Problem

-erstaunliche Themen, Aufgaben, die Spaß machen

-Worauf kommt es in der Stunde an...

-Warum sollen wir das können...

-viele Wiederholungen in bestimmten Intervallen

-Teambildung

-motivieren und loben, motivieren und loben …………

## 15.2 Definition Nachhaltigkeit

Nachhaltigkeit im Mathematikunterricht bedeutet für mich:

-lernen und es auch verstehen

-lernen und langfristig behalten

-lernen und Freude daran haben

-selbstentdeckendes Lernen

-lernen eines verwendungsfähigen Grundwissens

-intelligentes, transferbares Wissen

## 15.3 Mathematik in „Corona Zeiten"

Besonders in solchen schwierigen Zeiten, wie der Corona-Pandemie, muss man wieder nach neuen Methoden und Systemen suchen, die gerade für diese Situation angebracht sind. Viele meiner hier dargestellten Lernabläufe passen auch gut in diese Ausnahmesituation. Die Schüler*innen können z.B. mit dem Lernweg „Arbeitsaufträge" selbstständig zuhause neue mathematische Erkenntnisse und Regeln finden. Die Systeme „Was muss ich können" und das „Trainingsband" sind dann weitere Möglichkeiten, um dieses Wissen nachhaltig einzuüben. Dennoch fehlt in dieser Phase der Kontakt zu den Mitschülern und den Lehrern*innen, die ja die wichtigsten Personen in der schulischen Erziehung darstellen. Ein PC alleine kann leider keine Emotionen, die ja im Lernprozess ungeheuer wichtig sind, vermitteln. Der Lehrer und die Lehrerin im Klassenzimmer sind einfach nicht zu ersetzen.

# 16. Literaturverzeichnis

Timo Leuders, „Qualität im Mathematikunterricht" Berlin 2001

Martin Spiewak, „Ich bin super wichtig" Zeit Online/ Schule Nr.2 14.01.2013 /www.zeit.de/2013

www.byourbest.de / Der Kampf gegen das Vergessen

Karl Utz, Lehrerfortbildung, 28.05.2009

Bay. Kultusministerium: Weiterentwicklung des mathematisch-naturwissenschaftlichen Unterrichts / München 2002

Seufert Tina, didacta 03/2016

Is-seminare/ www.isseminare/unternehmen/Philosophie

www.isb.de/ neue Aufgabenkultur

Weinert, Graumann, Heckhausen, Hofer, „Pädagogische Psychologie" Band I /Frankfurt am Main 1974

Schule und Wir Nr. 03/ 2015

Öttinger Gabriele, www.zeitzuleben.de

Öttinger Gabriele, www.impulse.de

Öerter, Weber, „Der Aspekt des Emotionalen in Unterricht und Erziehung" Donauwöhrt 1975

Bergius R. „Psychologie des Lernens" Stuttgart 1972

www.lernpsychologie.net/ motivation/intrinsische motivation

Kerstin Menzel,  Interview: Simone Fleischmann mit Kerstin Menzel:
www.bllv.de/"In Schülern die Lust am Lernen wecken"/24.09.2015

Alle Bilder stammen aus dem System „Clip Art".

„Vom Fischen"  / nach Bror Jonzon, Fischerweisheiten aus Lappland